全国水利水电高职教研会规划教材

建筑工程监理

主　编　段淑娟　赵　楠
主　审　钟汉华

中国水利水电出版社
www.waterpub.com.cn

内 容 提 要

　　本书根据我国工程建设法律法规、行业标准编写，系统地阐述了工程建设监理的基本概念和工程建设监理的组织管理。全书共 6 章，内容包括：建设监理制度，监理工程师与工程监理企业，监理组织及监理规划，建筑工程施工阶段的监理工作，建筑工程安全监理，建筑工程合同管理与信息管理。

　　本书具有适应性和可操作性强的特点，可供一般高等院校、高等专科学校、高等职业院校以及成人高校土建类专业学生使用，也可作为建筑监理企业人员和有关工程技术人员的参考用书。

图书在版编目（ＣＩＰ）数据

建筑工程监理 / 段淑娟，赵楠主编. -- 北京 ： 中
国水利水电出版社，2013.9
　　全国水利水电高职教研会规划教材
　　ISBN 978-7-5170-1292-4

　　Ⅰ．①建… Ⅱ．①段… ②赵… Ⅲ．①建筑工程－施
工监理－高等职业教育－教材 Ⅳ．①TU712

　　中国版本图书馆CIP数据核字(2013)第236147号

书　　名	全国水利水电高职教研会规划教材 **建筑工程监理**	
作　　者	主编　段淑娟　赵楠　　主审　钟汉华	
出版发行	中国水利水电出版社 （北京市海淀区玉渊潭南路 1 号 D 座　100038） 网址：www.waterpub.com.cn E - mail：sales@waterpub.com.cn 电话：(010) 68367658（发行部）	
经　　售	北京科水图书销售中心（零售） 电话：(010) 88383994、63202643、68545874 全国各地新华书店和相关出版物销售网点	
排　　版	中国水利水电出版社微机排版中心	
印　　刷	北京瑞斯通印务发展有限公司	
规　　格	184mm×260mm　16 开本　12.25 印张　290 千字	
版　　次	2013 年 9 月第 1 版　2013 年 9 月第 1 次印刷	
印　　数	0001—3000 册	
定　　价	**26.00 元**	

前言
qianyan

我国自 1988 年开始实行建设监理制度，随着中国建设监理事业的发展，社会对高素质、多层次的监理人才有大量的需求。高职高专教育肩负着培养生产、建设、管理和服务的第一线技术应用型人才的使命。

本书为全国水利水电高职教研会规划教材之一，以培养学生技能为主线，使学生在系统掌握建筑工程监理的相关知识、基本理论及方法的基础上，逐步具备从事建筑工程监理的基本能力，能够运用所学知识解决工程中的实际问题。

在编写过程中，编者结合长期教学实践经验，努力体现高等职业教育教学特点，理论以实用、够用为度，力求理论联系实际，注重学生实践技能的培养。教材体系完整、内容全面、重点突出、知识新颖，具有一定的前瞻性、实践性和可操作性。

本书由段淑娟、赵楠担任主编。参加本书编写的人员有：河北工程技术高等专科学校段淑娟（第 1 章、第 3 章），安徽水利水电职业技术学院乔守江（第 2 章），辽宁水利职业学院王廷栋（第 4 章），福建水利电力职业技术学院童君（第 5 章），四川水利职业技术学院赵楠（第 6 章）。

在编写过程中，我们参考了大量的相关教材、文献、论著和资料，吸收了国内外许多同行专家的最新研究成果，在此谨向这些编著者表示衷心的感谢；同时，也向支持和帮助本书编写的其他人员表示谢意。

中国建设监理事业是不断发展向前的，需要在实践中不断丰富和完善。由于编者水平有限，缺点、不足之处恳请读者批评指正。

编 者
2013 年 5 月

目　　录

第1章 建 设 监 理 制 度

学 习 目 标

了解我国建设工程监理的产生背景、理论基础以及现阶段的主要特点；熟悉我国建设工程法律法规体系、建设程序和主要的建设管理制度；掌握建设工程监理的定义、性质、作用。

1.1 建设程序与建设工程管理制度

1.1.1 建设程序

1.1.1.1 建设程序的概念

所谓建设程序是指一项建设工程从设想、提出到决策，经过设计、施工、直到投产或交付使用的整个过程中，应当遵循的内在规律。

按照建设工程的内在规律，投资建设一项工程应当经过投资决策、建设实施和交付使用三个发展时期。每个发展时期又可分为若干个阶段，各阶段以及每个阶段内的各项工作之间存在着不能随意颠倒的严格先后顺序关系。科学的建设程序应当在坚持"先勘察、后设计、再施工"的原则基础上，突出优化决策、竞争择优、委托监理的原则。

从事建设工程活动，必须严格执行建设程序。这是每一位建设工作者的职责，更是建设工程监理人员的重要职责。

新中国建立以来，我国的建设程序经过了一个不断完善的过程。目前我国的建设程序与计划经济时期相比较，已经发生了重要变化。其中，关键性的变化：一是在投资决策阶段实行了项目决策咨询评估制度；二是实行了工程招标投标制度；三是实行了建设工程监理制度；四是实行了项目法人责任制度。

建设程序中的这些变化，使我国工程建设进一步顺应了市场经济的要求，并且与国际惯例趋于一致。

按现行规定，我国一般大中型及限额以上项目的建设程序中，将建设活动分成以下几个阶段：提出项目建议书；编制可行性研究报告；根据咨询评估情况对建设项目进行决策；根据批准的可行性研究报告编制设计文件；初步设计批准后，做好施工图设计及施工前的各项准备工作；组织施工，并根据施工进度做好生产或运用前的准备工作；项目按照批准的设计内容建完，经投料试车验收合格并正式投产交付使用；生产运营一段时间，进行项目后评估。

1.1.1.2　建设工程各阶段工作内容

1. 项目建议书阶段

项目建议书是拟建项目单位向国家提出的要求建设某一项目的建议文件，是对工程项目建设的轮廓设想。项目建议书的主要作用是推荐一个拟建项目，论述其建设的必要性、建设条件的可行性和获利的可能性，供国家决策机构选择并确定是否进行下一步工作。

项目建议书的内容视项目的不同有繁有简，但一般应包括以下几方面的内容。

1）项目提出的必要性和依据。

2）产品方案、拟建规模和建设地点的初步设想。

3）资源情况、建设条件、协作关系和设备引进国别、厂商的初步分析。

4）投资估算、资金筹措及还贷方案设想。

5）项目进度安排。

6）经济效益和社会效益的初步估计。

7）环境影响的初步评价。

对于政府投资项目，项目建议书按要求编制完成后，应根据建设规模和限额划分，分别报送有关部门审批。项目建议书批准后，可以进行详细的可行性研究报告，但并不表明项目非上不可，批准的项目建议书不是项目的最终决策。

根据《国务院关于投资体制改革的决定》（国发〔2004〕20 号），对于企业不使用政府资金投资建设的项目，政府不再进行投资决策性质的审批，项目实行核准制度或登记备案制，企业不需要编制项目建议书而可直接编制项目可行性研究报告。

2. 可行性研究阶段

可行性研究是指在项目决策之前，通过调查、研究、分析与项目有关的工程、技术、经济等方面的条件和情况，对可能的多种方案进行比较论证，同时对项目建成后的经济效益进行预测和评价的一种投资决策分析研究方法和科学分析活动。

（1）作用。可行性研究的主要作用是为建设项目投资决策提供依据，同时也为建设项目设计、银行贷款、申请开工建设、建设项目实施、项目评估、科学试验、设备制造等提供依据。

（2）内容。可行性研究是从项目建设和生产经营全过程分析项目的可行性，应完成以下工作内容：

1）市场研究，以解决项目建设的必要性问题。

2）工艺技术方案的研究，以解决项目建设的技术可行性问题。

3）财务和经济分析，以解决项目建设的经济合理性问题。

凡经可行性研究未通过的项目，不得进行下一步工作。

（3）项目投资决策审批制度。根据《国务院关于投资体制改革的决定》，政府投资项目和非政府投资项目分别实行审批制、核准制或备案制。

1）政府投资项目，对于采用直接投资和资本金注入方式的政府投资项目，政府需要从投资决策的角度审批项目建议书和可行性研究报告，除特殊情况外不再审批开工报告，同时还要严格审批其初步设计和概算；对于采用投资补助、转贷和贷款贴息方式的政府投资项目，则只审批资金申请报告。

政府投资项目一般都要经过符合资质要求的咨询中介机构的评估论证，特别重大的项目还应实行专家评议制度。国家将逐步实行政府投资项目公示制度，以广泛听取各方面的意见和建议。

2）非政府投资项目，对于企业不使用政府资金投资建设的项目，一律不再实行审批制，区别不同情况实行核准制或登记备案制。

a. 核准制。企业投资建设《政府核准的投资项目目录》（以下简称《目录》）中的项目时，只需向政府提交项目申请报告，不再经过批准项目建议书、可行性研究报告和开工报告的程序。政府对企业提交的项目申请报告，主要从维护经济安全、合理开发利用资源、保护生态环境、优化重大布局、保障公共利益、防止出现垄断等方面进行核准。对于外商投资项目，政府还要从市场准入、资本项目管理等方面进行核准。

b. 登记备案制。对于《目录》以外的企业投资项目，实行备案制，除国家另有规定外，由企业按照属地原则向地方政府投资主管部门备案。备案制的具体实施办法由省级人民政府自行制定。国务院投资主管部门要对备案工作加强指导和监督，防止以备案的名义变相审批。

3. 设计阶段

设计是对拟建工程在技术和经济上进行全面的安排，是工程建设计划的具体化，是组织施工的依据。设计质量直接关系到建设工程的质量，是建设工程的决定性环节。

经批准立项的建设工程，一般应通过招标投标择优选择设计单位。

一般工程进行两阶段设计，即初步设计和施工图设计。有些工程，根据需要可在两阶段之间增加技术设计。

（1）初步设计。初步设计是根据批准的可行性研究报告和设计基础资料，对工程进行系统研究，概略计算，作出总体安排，拿出具体实施方案。目的是在指定的时间、空间等限制条件下，在总投资控制的额度内和质量要求下，作出技术上可行、经济上合理的设计和规定，并编制工程总概算。

初步设计不得随意改变批准的可行性研究报告所确定的建设规模、产品方案、工程标准、建设地址和总投资等基本条件。如果初步设计提出的总概算超过可行性研究报告总投资的10％以上，或者其他主要指标需要变更时，应重新向原审批单位报批。

（2）技术设计。为了进一步解决初步设计中的重大问题，如工艺流程、建筑结构、设备选型等，根据初步设计和进一步的调查研究资料进行技术设计。这样做可以使建设工程更具体、更完善，技术指标更合理。

（3）施工图设计。在初步设计或技术设计基础上进行施工图设计，使设计达到施工安装的要求。

施工图设计应结合实际情况，完整、准确地表达出建筑物的外形、内部空间的分割、结构体系以及建筑系统的组成和周围环境的协调。

《建设工程质量管理条例》规定，建设单位应将施工图设计文件报县级以上人民政府建设行政主管部门或其他有关部门审查，未经审查批准的施工图设计文件不得使用。

4. 建设准备阶段

工程开工建设之前，应当切实做好各项准备工作。其中包括：组建项目法人，征地、拆迁和平整场地，做到水通、电通、路通，组织设备、材料订货，建设工程报监，委托工程监理，组织施工招标投标、优选施工单位，办理施工许可证等。

按规定做好准备工作，具备开工条件以后，建设单位申请开工。经批准，项目进入下一阶段，即施工安装阶段。

5．施工安装阶段

建设工程具备了开工条件并取得施工许可证后才能开工。

按照规定，工程新开工时间是指建设工程设计文件中规定的任何一项永久性工程第一次正式破土开槽的日期作为正式开工日期。不需开槽的工程，以正式打桩的日期作为正式开工日期。铁道、公路、水库等需要进行大量土石方工程的，以开始进行土石方工程的日期作为正式开工日期。工程地质勘察、平整场地、旧建筑物拆除、临时建筑或设施等的施工不算正式开工。

本阶段的主要任务是按设计进行施工安装，建成工程实体。

6．生产准备阶段

工程投产前，建设单位应当做好各项生产准备工作。生产准备阶段是由建设阶段转入生产经营阶段的重要衔接阶段。在本阶段，建设单位应当做好相关工作的计划、组织、指挥、协调和控制工作。

生产准备阶段主要工作包括：组建管理机构，制定有关制度的规定；招聘并培训生产管理人员，组织有关人员参加设备安装、调试、工程验收；签订供货及运输协议；进行工具、器具、备品、备件等的制造或订货；其他需要做好的有关工作。

7．竣工验收阶段

建设工程按设计文件规定的内容和标准全部完成，并按规定将工程内外全部清理完毕后，达到竣工验收条件，建设单位即可组织竣工验收，勘察、设计、施工、监理等有关单位应参加竣工验收。竣工验收是考核建设成果、检验设计和施工质量的关键步骤，是由投资成果转入生产或使用的标志。竣工验收合格后，建设工程方可交付使用。

竣工验收后，建设单位应及时向建设行政主管部门或其他有关部门备案并移交建设项目档案。

建设工程自办理竣工验收手续后，因勘察、设计、施工、材料等原因造成的质量缺陷，应及时修复，费用由责任方承担。保修期限、返修和损害赔偿应当遵照《建设工程质量管理条例》的规定。

1.1.2　坚持建设程序的意义

建设程序反映了工程建设过程的客观规律。坚持建设程序在以下几方面有重要意义。

（1）依法管理工程建设，保证正常建设秩序。建设工程涉及国计民生，并且投资大、工期长、内容复杂，是一个庞大的系统。在建设过程中，客观上存在着具有一定内在联系的不同阶段和不同内容，必须按照一定的步骤进行。为了使工程建设有序地进行，有必要将各个阶段的划分和工作的次序用法规或规章的形式加以规范，以便于人们遵守。实践证明，坚持了建设程序，建设工程就能顺利进行、健康发展。反之，不按建设程序办事，建设工程就会受到极大的影响。因此，坚持建设程序，是依法管理工程建设的需要，是建立正常建设秩序的需要。

（2）科学决策，保证投资效果。建设程序明确规定，建设前期应当做好项目建议书和可行性研究工作。在这两个阶段，由具有资格的专业技术人员对项目是否必要、条件是否可行进行研究和论证，并对投资收益进行分析，对项目的选址、规模等进行方案比较，提出技术上可行、经济上合理的可行性研究报告，为项目决策提供依据，而项目审批又从综合平衡方面进行把关。如此，可最大限度地避免决策失误并力求决策优化，从而保证投资效果。

（3）顺利实施建设工程，保证工程质量。建设程序强调了先勘察、后设计、再施工的原则。根据真实的、准确的勘察成果进行设计，根据深度、内容合格的设计进行施工，在做好准备的前提下合理地组织施工活动，使整个建设活动能够有条不紊地进行，这是工程质量得以保证的基本前提。事实证明，坚持建设程序，就能顺利实施建设工程并保证工程质量。

（4）顺利开展建设工程监理。建设工程监理的基本目的是协助建设单位在计划的目标内把工程建成投入使用。因此，坚持建设程序，按照建设程序规定的内容和步骤，有条不紊地协助建设单位开展好每个阶段的工作，对建设工程监理是非常重要的。

1.1.3　建设程序与建设工程监理的关系

（1）建设程序为建设工程监理提出了规范化的建设行为标准。建设工程监理要根据行为准则对工程建设行为进行监督管理。建设程序对各建设行为主体和监督管理主体在每个阶段应当做什么、如何做、何时做、由谁做等一系列问题都给予了一定的解答。工程监理企业和监理人员应当根据建设程序的有关规定进行监理。

（2）建设程序为建设工程监理提出了监理的任务和内容。建设程序要求建设工程的前期应当做好科学决策的工作。建设工程监理决策阶段的主要任务就是协助委托单位正确地做好投资决策，避免决策失误，力求决策优化。具体的工作就是协助委托单位择优选定咨询单位，做好咨询合同管理，对咨询成果进行评价。

建设程序要求按照先勘察、后设计、再施工的基本顺序做好相应的工作。建设工程监理在此阶段的任务就是协助建设单位做好择优选择勘察、设计、施工单位，对他们的建设活动进行监督管理，做好投资、进度、质量控制以及合同管理、安全管理和组织协调工作。

（3）建设程序明确了工程监理企业在工程建设中的重要地位。根据有关法律、法规的规定，在工程建设中应当实行建设工程监理制。现行的建设程序体现了这一要求，这就为工程监理企业确立了工程建设中的应有地位。随着我国经济体制改革的深入，工程监理企业在工程建设中的地位将越来越重要。在一些发达国家的建设程序中，都非常强调这一点。例如，英国土木工程师学会在其《土木工程程序》中强调，在土木工程程序中的所有阶段，监理工程师"起着重要作用"。

（4）坚持建设程序是监理人员的基本职业准则。坚持建设程序，严格按照建设程序办事，是所有工程建设人员的行为准则。对于监理人员而言，更应率先垂范。掌握和运用建设程序，既是监理人员业务素质的要求，也是职业准则的要求。

（5）严格执行我国建设程序是结合中国国情推行建设工程监理制的具体体现。任何国家的建设程序都能反映这个国家的工程建设方针、政策、法律、法规的要求，反映建设工程的管理体制，反映工程建设的实际水平。而且，建设程序总是随着时代的变化，环境和需求的变化而不断地调整和完善。这种动态的调整总是与国情相适应的。

我国推行建设工程监理应当遵循两条基本原则，一是参照国际惯例；二是结合中国国情。工程监理企业在开展建设工程监理的过程中，严格按照我国建设程序的要求做好监理的各项工作，就是结合中国国情的体现。

1.1.4　建设工程主要管理制度

按照我国有关规定，在工程建设中应当实行项目法人责任制、工程招标与投标制、建设工程监理制、合同管理制等主要制度。这些制度相互关联、相互支持，共同构成了建设工程管理制度体系。

1. 项目法人责任制

为了建立投资约束机制，规范建设单位的行为，建设工程应当按照政企分开的原则组建项目法人，实行项目法人责任制。由项目法人对项目的策划、资金筹措、建设实施、生产经营、债务偿还和资产的保值增值，实行全过程负责的制度。

（1）项目法人。国有单位经营性大中型建设工程必须在建设阶段组建项目法人。项目法人可按《中华人民共和国公司法》（以下简称《公司法》）的规定设立有限责任公司（包括国有独资公司）和股份有限公司等。

（2）项目法人的设立。

1）设立时间。新上项目在项目建议书批准后，应及时组建项目法人筹备组，具体负责项目法人的筹建工作。项目法人筹备组主要由项目投资方派代表组成。

在申报项目可行性研究报告时，需同时提出项目法人组建方案。否则，其项目可行性报告不予审批。项目可行性研究报告经批准后，正式成立项目法人，并按有关规定确保资金按时到位，同时及时办理公司设立登记。

2）备案。国家重点建设项目的公司章程须报国家发展和改革委员会备案，其他项目的公司章程按项目隶属关系分别向有关部门、地方发展与改革委员会备案。

（3）组织形式和职责。

1）组织形式。国有独资公司设立董事会。董事会由投资方负责组建。

国有控股或参股的有限责任公司、股份有限公司设立股东会、董事会和监事会。董事会、监事会由各投资方按照《公司法》的有关规定组建。

2）建设项目董事会职权。其职权包括：负责筹措建设资金；审核上报项目初步设计和概算文件；审核上报年度投资计划并落实年度资金；提出项目开工报告；研究解决建设过程中出现的重大问题；负责提出项目竣工验收申请报告；审定偿还债务计划和生产经营方针，并负责按时偿还债务；聘任或解聘项目总经理，并根据总经理的提名，聘任或解聘其他高级管理人员。

3）总经理职权。其职权包括：组织编制项目初步设计文件，对项目工艺流程、设备造型、建设标准、总图布置提出意见，提交董事会审查；组织工程设计、工程监理、工程施工和材料设备采购招标工作，编制和确定招标方案、标底和评标标准，评选和确定投标、中标单位；编制并组织实施项目年度投资计划、用款计划和建设进度计划；编制项目财务预算、决算；编制并组织实施归还贷款和其他债务计划；组织工程建设实施，负责控制工程投资、工期和质量；在项目建设过程中，在批准的概算范围内对单项工程的设计进行局部调整；根据董事会授权处理项目实施过程中的重大紧急事件，并及时向董事会报告；负责生产准备工作和培训人员；负责组织项目试生产和单项工程预验收；拟订生产经营计划、企业内部机构设置、劳动定员方案及工资福利方案；组织项目后评估，提出项目后评估报告；按时向有关部门报送项目建设、生产信息和统计资料；提请董事会聘请或解聘项目高级管理人员。

（4）项目法人责任制与建设工程监理制的关系。

1）项目法人责任制是实行建设工程监理制的必要条件。实行项目法人责任制，贯彻执行谁投资、谁决策、谁承担风险的基本原则，这就向项目法人提出了一个重大问题：如何做好决策和承担有风险的工作，也因此对社会提出了需求。建设工程监理制应运而生。建设工程监理制的产生、发展取决于社会需求。没有社会需求，建设工程监理就会成为无源之水，也就难以发展。

2）建设工程监理制是实行项目法人责任制的基本保障。有了建设工程监理制，建设单位就可以根据自己的需要和有关的规定委托监理。在工程监理企业的协助下，做好投资控制、进度控制、质量控制、合同管理、信息管理、安全管理、组织协调工作，这为在计划目标内实现建设项目提供了基本保证。

2．工程招标与投标制

为了在工程建设领域引入竞争机制，择优选定勘察单位、设计单位、施工单位以及材料、设备供应单位，需要实行工程招标投标制。

我国的《中华人民共和国招标投标法》对招标范围和规模标准、招标方式和程序、招标投标活动的监督等内容作出了相应的规定。

3．建设工程监理制

1988年建设部发布的《关于开展建设监理工作的通知》中明确提出要建立建设监理制度，在《中华人民共和国建筑法》中也作了"国家推行建筑工程监理制度"的规定。

4．合同管理制

为了使勘察、设计、施工、材料设备供应单位和工程监理企业依法履行各自的责任和义务，在工程建设中必须实行合同管理制。

合同管理制的基本内容包括：建设工程的勘察、设计、施工、材料设备采购和建设工程监理都要依法订立合同。各类合同都要有明确的质量要求、履约担保和违约处罚条款。违约方要承担相应的法律责任。

合同管理制的实施对建设工程监理开展合同管理工作提供了法律上的支持。

1.2 建设监理基本概念

1.2.1 建设监理的概念

1.2.1.1 定义

我国的建设工程监理发展很快，在许多方面取得了成功，但仍有不成熟的地方。如果从其主要属性来说，大体上可作如下表述：所谓建设工程监理，是指具有相应资质的工程监理企业，接受建设单位的委托和授权，依据有关工程建设的法律、法规和监理合同以及其他工程建设合同，承担其项目管理工作，并代表建设单位对承包单位的建设行为进行监督管理的专业化服务活动。

建设单位，也称为业主、项目法人，是委托监理的一方。建设单位在工程建设中拥有确定建设工程规模、标准功能以及选择勘察、设计、施工、监理单位等工程建设中重大问题的决定权。

工程监理企业是指取得企业法人营业执照，具有监理资质证书的依法从事建设工程监理业务活动的经济组织。

1.2.1.2 监理概念要点

1. 建设工程监理的行为主体

《中华人民共和国建筑法》明确规定，实行监理的建设工程，由建设单位委托具有相应资质条件的工程监理企业实施监理。建设工程监理只能由具有相应资质的工程监理企业来开展，建设工程监理的行为主体是工程监理企业，这是我国建设工程监理制度的一项重要规定。

建设工程监理不同于建设行政主管部门的监督管理。后者的行为主体是政府部门，它具有明显的强制性，是行政性的监督管理，它的任务、职责、内容不同于建设工程监理。同样，总承包单位对分包单位的监督管理也不能视为建设工程监理。

2. 建设工程监理实现的前提

《中华人民共和国建筑法》明确规定，建设单位与其委托的工程监理企业应当订立书面建设工程委托监理合同。也就是说，建设工程监理的实施需要建设单位的委托和授权。工程监理企业应根据委托监理合同和有关建设工程合同的规定实施监理。

建设工程监理只有在建设单位委托的情况下才能进行。只有与建设单位订立书面委托监理合同，明确了监理的范围、内容、权利、义务、责任等，工程监理企业方能在规定的范围内行使管理权，合法地开展建设工程监理。工程监理企业在委托监理的工程中拥有一定的管理权限，能够开展管理活动，是建设单位授权的结果。

承建单位根据法律、法规的规定和它与建设单位签订的有关建设工程合同的规定，接受工程监理企业对其建设行为进行的监督管理，接受并配合监理是其履行合同的一种行为。工程监理企业对哪些单位的哪些建设行为实施监理要以有关建设工程合同的规定为依据。例如，仅委托施工阶段监理的工程，工程监理企业只能根据委托监理合同和施工合同对施工行为实行监理。而在委托全过程监理的工程中，工程监理企业可以根据委托监理合同以及勘察合同、设计合同、施工合同对勘察单位、设计单位和施工单位的建设行为实行监理。

3. 建设工程监理的依据

建设工程监理的依据包括工程建设文件，有关的法律、法规、规章和标准、规范，建设工程委托监理合同和有关的建设工程合同。

（1）工程建设文件。工程建设文件包括：批准的可行性研究报告、建设项目选址意见书、建设用地规划许可证、建设工程规划许可证、批准的施工图设计文件、施工许可证等。

（2）有关的法律、法规、规章和标准、规范。包括：《中华人民共和国建筑法》、《中华人民共和国合同法》、《中华人民共和国招标投标法》、《建设工程质量管理条例》等法律法规，《工程建设监理规定》等部门规章，以及地方性法规等，也包括《工程建设标准强制性条文》、《建设工程监理规范》以及有关的工程技术标准、规范、规程等。

（3）建设工程委托监理合同和有关的建设工程合同。工程监理企业应当根据下述两类合同进行监理，一是工程监理企业与建设单位签订的建设工程委托监理合同；二是建设单位与承建单位签订的建设工程合同。

4．建设工程监理的范围

建设工程监理范围可以分为监理的工程范围和监理的建设阶段范围。

（1）工程范围。为了有效发挥建设工程监理的作用，加大推行监理的力度，根据《建筑法》，国务院公布了《建设工程质量管理条例》，对实行强制性监理的工程范围作了原则性的规定，2001 年建设部颁布了《建设工程监理范围和规模标准规定》（建设部第 86 号命令），规定了必须实行监理的建设工程项目的具体范围和规模标准。下列建设工程必须实行监理。

1）国家重点建设工程：依据《国家重点建设项目管理办法》所确定的对国民经济和社会发展有重大影响的骨干项目。

2）大中型公用事业工程：项目总投资额在 3000 万元以上的供水、供电、供气、供热等市政工程项目，科技、教育、文化等项目，体育、旅游、商业等项目，卫生、社会福利等项目，其他公用事业项目。

3）成片开发建设的住宅小区工程：建筑面积在 5 万 m^2 以上的住宅建设工程。

4）利用外国政府或者国际组织贷款、援助资金的工程：包括使用世界银行、亚洲开发银行等国际组织贷款资金的项目；使用国外政府及其机构贷款资金的项目，使用国际组织或者国外政府援助资金的项目。

5）国家规定必须实行监理的其他工程：项目总投资额在 3000 万元以上关系社会公共利益、公众安全的交通运输、水利建设、城市基础设施、生态环境保护、信息产业、能源等基础设施项目，学校、影剧院、体育场馆项目。

建设工程监理范围不宜无限扩大，否则会造成监理力量与监理任务严重失衡，使得监理工作难以到位，保证不了建设工程监理的质量和效果。从长远来看，随着投资体制的不断深化改革，投资主体日益多元化，对所有建设工程都实行强制监理的做法，既与市场经济的要求不相适应，也不利于建设工程监理行业的健康发展。

（2）建设阶段范围。建设工程监理可适用于工程建设投资决策阶段和实施阶段，但目前主要是建设工程施工阶段。

在建设工程施工阶段，建设单位、勘察单位、设计单位、施工单位和工程监理企业等工程建设的各类行为主体均出现在建设工程当中，形成了一个完整的建设工程组织体系。在这个阶段，建设市场的发包体系、承包体系、管理服务体系的各主体在建设工程中会合，由建设单位、勘察单位、设计单位、施工单位和工程监理企业各自承担工程建设的责任和义务，最终将建设工程建成投入使用。在施工阶段委托监理，其目的是更有效地发挥监理的规划、控制、协调作用，为在计划目标内建成工程提供最好的管理。

1.2.2　我国建设监理的历史发展

从 1949 年新中国成立直至 20 世纪 80 年代，我国固定资产投资基本上是由国家统一安排计划（包括具体的项目计划），由国家统一财政拨款。在当时经济基础薄弱、建设投资和物资短缺的条件下，这种方式对于国家集中有限的财力、物力、人力进行经济建设，迅速建立我国的工业体系和国民经济体系起到了积极作用。

当时，我国建设工程的管理基本上采用两种方式：对于一般建设工程，由建设单位自己组成筹建机构，自行管理；对于重大建设工程，则从与该工程相关的单位抽调人员组成工程建设指挥部，由指挥部进行管理。因为建设单位无须承担经济风险，这两种管理方式得以长期存在，但其弊端不言而喻。由于这两种都是针对一个特定的建设工程临时组建的管理机构，相当一部分人员不具有建设工程管理的知识和经验，因此，他们只能在工作实践中摸索。而一旦工程建成投入使用，原有的工程管理机构和人员就解散，当有新的建设工程时再重新组建。这样一来，建设工程管理的经验不能承袭升华，也不能用来指导今后的工程建设，教训还不断重复发生，使我国建设工程管理水平长期在低水平徘徊，难以提高。投资"三超"（概算超估算、预算超概算、结算超预算）、工期延长的现象较为普遍。工程建设领域存在的上述问题受到了政府和有关单位的关注。

20 世纪 80 年代我国进入了改革开放的新时期，国务院决定在基本建设和建筑业领域采取一些重大的改革措施，例如，投资有偿使用（即"拨改贷"）、投资包干责任制、投资主体多元化、工程招标投标制等。在这种情况下，改革传统的建设工程管理方式已经势在必行。否则，难以适应我国经济发展和改革开放新形势的要求。

通过对我国几十年建设工程管理实践的反思和总结，并对国外工程管理制度与管理方法进行了考察，专业人士认识到建设单位的工程项目管理是一项专门的学问，需要一大批专门的机构和人才，建设单位的工程项目管理应当走专业化、社会化的道路。在此基础上，建设部于 1988 年发布了《关于开展建设监理工作的通知》，明确提出要建立中国特色的建设监理制度。建设监理制作为工程建设领域的一项改革举措，旨在改变陈旧的工程管理模式，建立专业化、社会化的建设监理机构，协助建设单位做好项目管理工作，以提高建设水平和投资效益。

建设工程监理制于 1988 年开始试点，5 年后逐步推开，1997 年《中华人民共和国建筑法》以法律制度的形式作出规定，国家推行建设工程监理制度，从而使建设工程监理在全国范围内进入全面推行阶段。

1.2.3　建设工程监理的理论基础

1988 年我国建立建设工程监理制之初就明确界定，我国的建设工程监理是专业化、社会化的建设单位项目管理，所依据的基本理论和方法来自建设项目管理学。建设项目管理学，又称工程项目管理学，它是以组织论、控制论和管理学作为理论基础，结合建设工程项目和建筑市场的特点而形成的一门新兴学科。研究的范围包括管理思想、管理体制、管理组织、管理方法和管理手段。研究的对象是建设工程项目管理总目标的有效控制，包括费用（投资）目标、时间（工期）目标和质量目标的控制。

需要说明的是，我国提出建设工程监理制构想时，还充分考虑了 FIDIC 合同条件。

20世纪80年代中期，在我国接受世界银行贷款的建设工程上普遍采用了FIDIC土木工程施工合同条件，这些建设工程的实施效果都很好，受到了有关各方的重视。而FIDIC合同条件中对工程师作为独立、公正的第三方的要求及其对承建单位严格、细致的监督和检查被认为起到了重要的作用，因此，在我国建设工程监理制中也吸收了对工程监理企业和监理工程师独立、公正的要求，以保证在维护建设单位利益的同时，不损害承建单位的合法权益。并且还强调了对承建单位施工过程和施工工序的监督、检查和验收。

1.2.4 现阶段建设工程监理的特点

我国的建设工程监理无论在管理理论和方法上，还是在业务内容和工作程序上，与国外的建设项目管理都基本接轨。但在现阶段，由于发展条件不尽相同，市场体系发育不够成熟，市场运行规则不够健全，因此还有一些差异，呈现出某些特点。

（1）建设工程监理的服务对象具有单一性。在国际上，建设项目管理按服务对象主要可分为为建设单位服务的项目管理和为承建单位服务的项目管理。而我国的建设工程监理制规定，工程监理企业只接受建设单位的委托，即只为建设单位服务。它不能接受承建单位的委托为其提供管理服务。从这个意义上看，可以认为我国的建设工程监理就是为建设单位服务的项目管理。

（2）建设工程监理属于强制推行的制度。建设项目管理是适应建筑市场中建设单位新的需求的产物，其发展过程也是整个建筑市场发展的一个方面，没有来自政府部门的行政指导或干预。而我国的建设工程监理从一开始就是作为对计划经济条件下所形成的建设工程管理体制改革的一项新制度提出来的，也是依靠行政手段和法律手段在全国范围推行的。为此，不仅在各级政府部门中设立了主管建设工程监理有关工作的专门机构，而且制定了有关的法律、法规、规章，明确提出了国家推行建设工程监理制度，并规定了必须实行建设工程监理的工程范围。其结果是在较短时间内促进了建设工程监理在我国的发展，形成了一批专业化、社会化的工程监理企业和监理工程师队伍，缩小了与发达国家建设项目管理的差距。

（3）建设工程监理具有监督的功能。我国的工程监理企业有一定的特殊地位，它与建设单位构成委托与被委托的关系，与承建单位虽然无任何经济关系，但根据建设单位授权，有权对其不当建设行为进行监督，或者预先防范，或者指令及时改正，或者向有关部门反映，请求纠正。不仅如此，在我国的建设工程监理中还强调对承建单位施工过程和施工工序的监督、检查和验收，而且在实践中又进一步提出了旁站监理的规定。我国监理工程师在质量控制方面的工作所达到的深度和细度，应当说远远超过国际上建设项目管理人员的工作深度和细度，这对保证工程质量起了很好的作用。

（4）建设工程监理的市场准入受双重控制。在建设项目管理方面，一些发达国家只对专业人士的执业资格提出要求，却没有对企业的资质管理作出规定。而我国对建设工程监理的市场准入采取了企业资质和人员资格的双重控制。要求专业监理工程师以上的监理人员要取得监理工程师资格证书，不同资质等级的工程监理企业至少要有一定数量的取得监理工程师资格证书并经注册的人员。应当说，这种市场准入的双重控制对于保证我国建设工程监理队伍的基本素质，规范我国建设工程监理市场起到了积极的作用。

1.2.5 建设工程监理的发展趋势

我国的建设工程监理已经取得了有目共睹的成绩，并且为社会各界所认同和接受，但是应当承认，目前仍处在发展的初期阶段，与发达国家相比还存在很大的差距。因此，为了使我国的建设工程监理实现预期效果，在工程建设领域发挥更大的作用，应从以下几个方面发展。

（1）加强法制建设，走法制化的道路。目前，我国颁布的法律法规中有关建设工程监理的条款不少，部门规章和地方性法规的数量更多，这充分反映了建设工程监理的法律地位。但应该看到，建设工程监理的法制建设还比较薄弱，突出表现在市场规则和市场机制方面。市场规则特别是市场竞争规则和市场交易规则还不健全。市场机制，包括信用机制、价格形成机制、风险防范机制、仲裁机制的市场机制尚未形成。应当在总结经验的基础上，借鉴国际上通行的做法，逐步建立和健全起来。

（2）以市场需求为导向，向全方位、全过程监理发展。我国实行建设工程监理已有二十几年的时间，目前仍然以施工阶段监理为主。造成这种状况既有体制上、认识上的原因，也有建设单位需求和监理企业素质及能力等原因。但是应当看到，随着项目法人责任制的不断完善，以及民营企业和私人投资项目的大量增加，建设单位将对工程投资效益愈加重视，工程前期决策阶段的监理将日益增多。从发展趋势看，代表建设单位进行全方位、全过程的工程项目管理，将是我国工程监理行业发展的趋向。当前，应当按照市场需求多样化的规律，积极扩展监理服务内容。要从现阶段以施工阶段为主，向全过程、全方位监理发展，即不仅要进行施工阶段质量、投资和进度控制，做好合同管理、信息管理、安全管理和组织协调等监理工作，还要进行决策阶段和设计阶段的监理。只有实施全方位、全过程监理，才能更好地发挥建设工程监理的作用。

（3）适应市场需求，优化工程监理企业结构。在市场经济条件下，任何企业的发展都必须与市场需求相适应，工程监理企业的发展也不例外。建设单位对建设工程监理的需求是多种多样的，工程监理企业所能提供的"供给"（即监理服务）也应当是多种多样的。前文所述建设工程监理应当向全方位、全过程监理发展，是从建设工程监理整个行业而言，并不意味着所有的工程监理企业都朝这个方向发展。因此，应当通过市场机制和必要的行业政策引导，在工程监理行业逐步建立起综合性监理企业与专业性监理企业相结合、大中小型监理企业相结合的合理的监理企业结构。按工作内容分，建立起能承担全过程、全方位监理任务的综合性监理企业与能承担某一专业监理任务（如招标代理、工程造价咨询）的监理企业相结合的监理企业结构。按工作阶段分，建立起承担工程建设全过程监理的大型监理企业、能承担某一阶段工程监理任务的中型监理企业和只提供旁站监理劳务的小型监理企业相结合的监理企业结构。这样，既能满足建设单位的各种需求，又能使各类监理企业各得其所，都能有合理的生存和发展空间。一般来说，大型、综合素质较高的监理企业应当向综合监理方向发展，而中小型企业则应当逐渐形成自己的专业特色。

（4）加强培训工作，不断提高从业人员素质。从全方位、全过程监理的要求来看，我国建设工程监理从业人员的素质还不能与之相适应，迫切需要加以提高。另一方面，工程建设领域的新技术、新工艺、新材料层出不穷，工程技术标准、规范、规程也时有更新，信息技术日新月异，都要求建设工程监理从业人员与时俱进，不断提高自身的业务素质和职业道德素质，这样才能为建设单位提供优质服务。从业人员的素质是整个工程监理行业发展的基础。只有培养和造就出大批高素质的监理人员，才可能形成相当数量的高素质工程监理企业，才能形成一批公信力强、有品牌效应的工程监理企业，才能提高我国建设工程监理的总体水平及其效果，才能推动建设工程监理事业更好、更快的发展。

（5）与国际惯例接轨，走向世界。毋庸讳言，我国的建设工程监理虽然形成了一定的特点，但在一些方面与国际惯例还有差异。前面说到的几点，都是与国际惯例接轨的重要内容，但仅仅在某些方面与国际惯例接轨是不够的，必须在建设工程监理领域多方面与国际惯例接轨。为此，应当认真学习和研究国际上被普遍接受的规则，为我所用。

与国际惯例接轨可使我国的工程监理企业与国外同行按照同一规则同台竞争，这既可能表现在国外工程监理企业走进中国，与我国同类企业之间的竞争；也可能表现在我国工程监理企业走向世界，与国外同类企业之间的竞争。要在竞争中取胜，除有实力、业绩、信誉之外，还要掌握国际上通行的规则。我国的监理工程师和工程监理企业应当做好充分准备，不仅要迎接国外同行进入我国后的竞争挑战，而且也要把握进入国际市场的机遇，敢于到国际市场与国外同行竞争。在这方面，大型、综合素质较高的工程监理企业应当率先采取行动。

1.3　建设监理法律法规体系

1.3.1　建设工程法律法规体系

建设工程法律法规体系是指根据《中华人民共和国立法法》的规定，制定和公布施行的有关建设工程的各项法律、行政法规、地方性法规、自治条例、单行条例、部门规章和地方政府规章的总称。目前，这个体系已经基本形成。本节列举和介绍的是与建设工程监理有关的法律、行政法规和部门规章，不涉及地方性法规、自治条例、单行条例和地方政府规章。

1. 建设工程法律法规规章的制定机关和法律效力

建设工程法律是指由全国人民代表大会及其常务委员会通过的规范工程建设活动的法律规范，由国家主席签署主席令予以公布，如《中华人民共和国建筑法》、《中华人民共和国招标投标法》、《中华人民共和国合同法》、《中华人民共和国政府采购法》、《中华人民共和国城市规划法》等。

建设工程行政法规是指由国务院根据宪法和法律制定的规范工程建设活动的各项法规，由总理签署国务院令予以公布，如《建设工程质量管理条例》、《建设工程勘察设计管理条例》等。

建设工程部门规章是指建设部按照国务院规定的职权范围，独立或同国务院有关部门联合，根据法律和国务院的行政法规、决定、命令制定的规范工程建设活动的各项规章，由部长签署建设部令予以公布，如《工程监理企业资质管理规定》、《注册监理工程师管理规定》等。

上述法律法规规章的效力是：法律的效力高于行政法规，行政法规的效力高于部门规章。

2. 与建设工程监理有关的建设工程法律法规规章

（1）法律。

1）《中华人民共和国建筑法》。

2）《中华人民共和国合同法》。

3）《中华人民共和国招标投标法》。

4）《中华人民共和国土地管理法》。

5）《中华人民共和国城市规划法》。

6）《中华人民共和国城市房地产管理法》。

7）《中华人民共和国环境保护法》。

8）《中华人民共和国环境影响评价法》。

（2）行政法规。

1）《建设工程质量管理条例》。

2）《建设工程安全生产管理条例》。

3）《建设工程勘察设计管理条例》。

4）《中华人民共和国土地管理法实施条例》。

（3）部门规章。

1）《工程监理企业资质管理规定》。

2）《注册监理工程师管理规定》。

3）《建设工程监理范围和规模标准规定》。

4）《建筑工程设计招标投标管理办法》。

5）《评标委员会和评标方法暂行规定》。

6）《建筑工程施工发包与承包计价管理办法》。

7）《建筑工程施工许可管理办法》。

8）《实施工程建设强制性标准监督规定》。

9）《房屋建筑和市政基础设施工程施工招标投标管理办法》。

10）《房屋建筑工程质量保修办法》。

11）《房屋建筑工程和市政基础设施工程竣工验收备案管理暂行办法》。

12）《建设工程施工现场管理规定》。

13）《建筑安全生产监督管理规定》。

14）《城市建设档案管理规定》。

监理工程师应当了解和熟悉我国建设工程法律法规规章体系，并熟悉和掌握其中与监理工作关系比较密切的法律法规规章，以便依法进行监理和规范自己的工程监理行为。

1.3.2 《中华人民共和国建筑法》

《中华人民共和国建筑法》（以下简称《建筑法》）是我国工程建设领域的一部大法。全文分 8 章，共计 85 条。整部法律内容是以建筑市场管理为中心，以建筑工程质量和安全为重点，以建筑活动监督管理为主线形成的。

1. 总则

《建筑法》总则一章，是对整部法律的纲领性规定。内容包括：立法目的、调整对象和适用范围、建筑活动基本要求、建筑业的基本政策、建筑活动当事人的基本权利和义务、建筑活动监督管理主体。

1）立法目的是为了加强对建筑活动的监督管理，维护建筑市场秩序，保证建筑工程的质量和安全，促进建筑业健康发展。

2）《建筑法》调整的地域范围是中华人民共和国境内，调整的对象包括从事建筑活动的单位和个人以及监督管理的主体，调整的行为是各类房屋建筑及其附属设施的建造和与其配套的线路、管道、设备的安装活动。但《建筑法》中关于施工许可、建筑施工企业资质审查，建筑工程发包、承包、禁止转包，建筑工程监理，以及建筑工程安全和质量管理的规定，也适用于其他专业工程的建筑活动。

3）建筑活动基本要求是建筑活动应当确保建筑工程质量和安全，符合国家的建筑工程安全标准。

4）任何单位和个人从事建筑活动应当遵守法律、法规，不得损害社会公共利益和他人合法权益。任何单位和个人不得妨碍和阻挠依法进行的建筑活动。

5）国务院建设行政主管部门对全国的建筑活动实施统一监督管理。

2. 建筑许可

建筑许可一章是对建筑工程施工许可制度和从事建筑活动的单位和个人从业资格的规定。

（1）建筑工程施工许可制度。

建筑工程施工许可制度是建设行政主管部门根据建设单位的申请，依法对建筑工程所应具备的施工条件进行审查，符合规定条件的，准许该建筑工程开始施工，并颁发施工许可证的一种制度。具体内容包括：

1）施工许可证的申领时间、申领程序、工程范围、审批权限以及施工许可证与开工报告之间的关系。

2）申请施工许可证的条件和颁发施工许可证的时间规定。

3）施工许可证的有效时间和延期的规定。

4）领取施工许可证的建筑工程中止施工和恢复施工的有关规定。

5）取得开工报告的建筑工程不能按期开工或中止施工以及开工报告有效期的规定。

（2）从事建筑活动的单位的资质管理规定。

1）从事建筑活动的建筑施工企业、勘察单位、设计单位和工程监理单位应有符合国家规定的注册资本，有与其从事的建筑活动相适应的具有法定执业资格的专业技术人员，有从事相关建筑活动所应有的技术装备，以及法律、行政法规规定的其他条件。

2）应根据从事建筑活动的单位的资质条件将其划分不同的资质等级，经资质审查合格，取得相应的资质等级证书后，方可在其资质等级许可的范围内从事建筑活动。

3）从事建筑活动的专业技术人员，应当依法取得相应的执业资格证书，并在执业资格证书许可的范围内从事建筑活动。

3. 建筑工程发包与承包

（1）关于建筑工程发包与承包的一般规定。一般规定包括：发包单位和承包单位应当签订书面合同，并应依法履行合同义务；招标投标活动的原则；发包和承包行为约束方面的规定；合同价款约定和支付的规定等。

（2）关于建筑工程发包。内容包括：建筑工程发包方式；公开招标程序和要求；建筑工程招标的行为主体和监督主体；发包单位应将工程发包给依法中标或具有相应资质条件的承包单位；政府部门不得滥用权力限定承包单位；禁止将建筑工程肢解发包；发包单位在承包单位采购方面的行为限制规定等。

（3）关于建筑工程承包。内容包括：承包单位资质管理的规定；关于联合承包方式的规定；禁止转包；有关分包的规定等。

4. 建筑工程监理

1）国家推行建筑工程监理制度。国务院可以规定实行强制性监理的工程范围。

2）实行监理的建筑工程，由建设单位委托具有相应资质条件的工程监理单位监理。建设单位与其委托的工程监理单位应当订立书面委托监理合同。

3）建筑工程监理应当依据法律、行政法规及有关技术标准、设计文件和工程承包合同，对承包单位在施工质量、建设工期和建设资金使用等方面，代表建设单位实施监督。

工程监理人员认为工程施工不符合工程设计要求、施工技术标准和合同约定的，有权要求建筑施工企业改正。

工程监理人员发现工程设计不符合建筑工程质量标准或者合同约定的质量要求的，应当报告建设单位，要求设计单位改正。

4）实施建筑工程监理前，建设单位应当将委托的工程监理单位、监理的内容及监理权限，书面通知被监理的建筑施工企业。

5）工程监理单位应当在其资质等级许可的监理范围内承担工程监理业务。工程监理单位应当根据建设单位的委托，客观、公正地执行监理任务。工程监理单位不得转让工程监理业务。

6）工程监理单位不按照委托监理合同的约定履行监理义务，对应当监督检查的项目不检查或者不按照规定检查，给建设单位造成损失的，应当承担相应的赔偿责任。

工程监理单位与承包单位串通，为承包单位谋取非法利益，给建设单位造成损失的，应当与承包单位承担连带赔偿责任。

5. 建筑安全生产管理

内容包括：建筑安全生产管理的方针和制度；建筑工程设计应当保证工程的安全性能；关于建筑施工企业安全生产方面的规定；建筑施工企业在施工现场应采取的安全防护措施；关于建设单位和建筑施工企业对施工现场地下管线保护的义务的规定；关于建筑施工企业在施工现场应采取保护环境措施的规定；关于建设单位应办理施工现场特殊作业申请批准手续的规定；关于建筑安全生产行业管理和国家监察的规定；关于建筑施工企业安全生产管理和安全生产责任制的规定；关于施工现场安全由建筑施工企业负责的规定；关于劳动安全生产培训的规定；建筑施工企业和作业人员有关安全生产的义务以及作业人员安全生产方面的权利；关于建筑施工企业为有关职工办理意外伤害保险的规定；涉及建筑

主体和承重结构变动的装修工程设计、施工的规定；关于房屋拆除的规定；关于施工中发生事件应采取紧急措施和报告制度的规定。

6．建筑工程质量管理

1）建筑工程勘察、设计、施工质量必须符合有关建筑工程安全标准的规定。

2）国家对从事建筑活动的单位推行质量体系认证制度的规定。

3）建设单位不得以任何理由要求设计单位和施工企业降低工程质量的规定。

4）关于总承包单位和分包单位工程质量责任的规定。

5）关于勘察、设计单位工程质量责任的规定。

6）设计单位对设计文件选用的建筑材料、构配件和设备不得指定生产厂、供应商的规定。

7）施工企业质量责任。

8）施工企业对进场材料、构配件和设备进行检验的规定。

9）关于建筑物合理使用寿命内和工程竣工时的工程质量要求。

10）关于工程竣工验收的规定。

11）建筑工程实行质量保修制度的规定。

12）关于工程质量实行群众监督的规定。

7．法律责任

下列行为需承担法律责任。

1）未经法定许可、擅自施工的。

2）将工程发包给不具备相应资质的单位或者将工程肢解发包的；无资质证书或者超越资质等级承揽工程的；以欺骗手段取得资质证书的。

3）转让、出借资质证书或者以其他方式允许他人以本企业名义承揽工程的。

4）将工程转包，或者违反法律规定进行分包的。

5）在工程发包与承包中索贿、受贿、行贿的。

6）工程监理单位与建设单位或者建筑施工企业串通，弄虚作假、降低工程质量的；转让监理业务的。

7）涉及建筑主体或者承重结构变动的装修工程，违反法律规定，擅自施工的。

8）建筑施工企业违反法律规定，对建筑安全事故隐患不采取措施予以消除的；管理人员违章指挥、强令职工冒险作业，因而造成严重后果的。

9）建设单位要求设计单位或者施工企业违反工程质量、安全标准，降低工程质量的。

10）设计单位不按工程质量、安全标准进行设计的。

11）建筑施工企业在施工中偷工减料，使用不合格材料、构配件和设备的，或者有其他不按照工程设计图纸或者施工技术标准施工的。

12）建筑施工企业不履行保修义务或者拖延履行保修义务的。

13）违反法律规定，对不具备相应资质等级条件的单位颁发该等级资质证书的。

14）政府及其所属部门的工作人员违反规定，限定发包单位将招标发包的工程发包给指定的承包单位的。

15）有关部门及其工作人员对不符合施工条件的建筑工程颁发施工许可证，对不合格的建筑工程出具质量合格文件或按合格工程验收的。

1.3.3　《建设工程质量管理条例》

《建设工程质量管理条例》（以下简称《质量管理条例》）以建设工程质量责任主体为基线，规定了建设单位、勘察单位、设计单位、施工单位和工程监理单位的质量责任和义务，明确了工程质量保修制度、工程质量监督制度等内容，并对各种违法违规行为的处罚作了原则规定。

1. 总则

内容包括：制定条例的目的和依据；条例所调整的对象适用范围；建设工程质量责任主体；建设工程质量监督管理主体；关于遵守建设程序的规定等。

2. 建设单位的质量责任和义务

《质量管理条例》对建设单位的质量责任和义务进行了多方面的规定。包括：工程发包方面的规定；依法进行工程招标的规定；关于向其他建设工程质量责任主体提供与建设工程有关的原始资料和对资料要求的规定；工程发包过程中的行为限制；关于施工图设计文件审查制度的规定；关于委托监理以及必须实行监理的建设工程范围的规定；关于办理工程质量监督手续的规定；对建设单位采购建筑材料、建筑构配件和设备的要求，以及建设单位对施工单位使用建筑材料、建筑构配件和设备方面的约束性规定；涉及建筑主体和承重结构变动的装修工程的有关规定；关于竣工验收程序、条件和使用方面的规定；关于建设项目档案管理的规定。

3. 勘察、设计单位的质量责任和义务

内容包括：从事建设工程的勘察、设计单位的市场准入条件和行为要求；勘察、设计单位以及注册执业人员质量责任的规定；勘察成果质量基本要求；关于设计单位应当根据勘察成果进行工程设计，且设计文件应当达到规定设计深度要求并注明合理使用年限的规定；设计文件中应注明材料、构配件和设备的规格、型号、性能等技术指标，质量必须符合国家规定的标准；除特殊要求外，设计单位不得指定生产厂和供应商；关于设计单位应就施工图设计文件向施工单位进行详细说明的规定；设计单位对工程质量事故处理的义务。

4. 施工单位的质量责任和义务

内容包括：关于施工单位市场准入条件和行为的规定；关于施工单位对建设工程施工质量负责和建立质量责任制，以及实行总承包的工程质量责任的规定；关于总承包单位和分包单位工程质量责任承担的规定；有关施工依据和行为限制方面的规定，以及施工单位对设计文件和图纸的义务；关于施工单位使用材料、构配件和设备前必须进行检验的规定；关于施工质量检验制度和隐蔽工程检查的规定；关于试块、试件取样和检测的规定；关于工程返修的规定；关于建立、健全教育培训制度的规定等。

5. 工程监理单位的质量责任和义务

（1）市场准入和市场行为规定。工程监理单位应当依法取得相应等级的资质证书，并在其资质等级许可的范围内承担工程监理业务。

禁止工程监理单位超越本单位资质等级许可的范围或者以其他工程监理单位的名义承担工程监理业务。禁止工程监理单位允许其他单位或者个人以本单位的名义承担工程监理业务。工程监理单位不得转让工程监理业务。

（2）工程监理单位与被监理单位关系的限制性规定。工程监理单位与被监理工程的施工承包单位，建筑材料、建筑构配件和设备供应单位有隶属关系或者其他利害关系的，不得承担该项建设工程的监理业务。

（3）工程监理单位对施工质量监理的依据和监理责任。工程监理单位应当依照法律、法规以及有关技术标准、设计文件和建设工程承包合同，代表建设单位对施工质量实施监理，并对施工质量承担监理责任。

（4）监理人员资格要求及权力方面的规定。工程监理单位应当选派具备相应资格的总监理工程师和（专业）监理工程师进驻施工现场。

未经监理工程师签字，建筑材料、建筑构配件和设备不得在工程上使用或安装，施工单位不得进行下一道工序的施工。未经总监理工程师签字，建设单位不拨付工程款，不进行竣工验收。

（5）监理方式的规定。监理工程师应当按照工程监理规范的要求，采用旁站、巡视和平行检验等形式，对建设工程实施监理。

6．建设工程质量保修

内容包括：关于国家实行建设工程质量保修制度和质量保修书出具时间和内容的规定；关于建设工程最低保修期限的规定；关于施工单位保修义务和责任的规定；对超过合理使用年限的建设工程继续使用的规定。

7．监督管理

1）关于国家实行建设工程质量监督管理制度的规定。

2）建设工程质量监督管理部门应当加强对有关建设工程质量的法律、法规和强制性标准执行情况的监督检查。

3）关于国务院发展计划部门对国家出资的重大建设项目实施监督检查的规定，以及国务院经济贸易主管部门对国家重大技术改造项目实施监督检查的规定。

4）关于建设工程质量监督管理可以委托建设工程质量监督机构具体实施的规定。

5）县级以上地方人民政府建设行政主管部门和其他有关部门应当加强对有关建设工程质量的法律、法规和强制性标准执行情况的监督检查。

6）县级以上人民政府建设行政主管部门及其他有关部门进行监督检查时有权采取的措施。

7）关于建设工程竣工验收备案制度的规定。

8）关于有关单位和个人应当支持和配合建设工程监督管理主体对建设工程质量进行监督检查的规定。

9）对供水、供电、供气、公安消防等部门或单位不得滥用权力的规定。

10）关于工程质量事故报告制度的规定。

11）关于建设工程质量实行社会监督的规定。

8．罚　则

对违反该条例的行为将追究法律责任。其中涉及建设单位、勘察单位、设计单位、施工单位和工程监理单位的包括以下内容。

(1) 建设单位。将建设工程发包给不具有相应资质等级的勘察、设计、施工单位或委托给不具有相应资质等级的工程监理单位的;将建设工程肢解发包的;不履行或不正当履行有关职责的;未经批准擅自开工的;建设工程竣工后,未向建设行政主管部门或有关部门移交建设项目档案的。

(2) 勘察、设计、施工单位。超越本单位资质等级承揽工程的;允许其他单位或者个人以本单位名义承揽工程的;将承包的工程转包或者违法分包的;勘察单位未按工程建设强制性标准进行勘察的;设计单位未根据勘察成果或者未按照工程建设强制性标准进行工程设计的,以及指定建筑材料、建筑构配件的生产厂、供应商的;施工单位在施工中偷工减料的,使用不合格材料、构配件和设备的,或者有不按照图纸或者施工技术标准施工的其他行为的;施工单位未对建筑材料、建筑构配件、设备、商品混凝土进行检验,或者未对涉及结构安全的试块、试件以及有关材料取样检测的;施工单位不履行或拖延履行保修义务的。

(3) 工程监理单位。超越资质等级承揽监理业务的;转让监理业务的;与建设单位或施工单位串通,弄虚作假、降低工程质量的;将不合格的建设工程、建筑材料、建筑构配件和设备按照合格签字的;工程监理单位与被监理工程的施工承包单位以及建筑材料、建筑构配件和设备供应单位有隶属关系或者其他利害关系承揽该项建设工程的监理业务的。

1.3.4 《建设工程安全生产管理条例》

《建设工程安全生产管理条例》(以下简称《安全生产管理条例》)以建设单位、勘察单位、设计单位、施工单位、工程监理单位及其他与建设工程安全生产有关的单位为主体,规定了各主体在安全生产中的安全管理责任与义务,并对监督管理、生产安全事故的应急救援和调查处理、法律责任等作了相应的规定。

1. 总则

内容包括:制定条例的目的和依据;条例所调整的对象和适用范围;建设工程安全管理责任主体等。

(1) 立法目的。加强建设工程安全生产监督管理,保障人民群众生命和财产安全。

(2) 调整对象。在中华人民共和国境内从事建设工程的新建、扩建、改建和拆除等有关活动及实施对建设工程安全生产的监督管理。

(3) 安全方针。坚持安全第一、预防为主。

(4) 责任主体。建设单位、勘察单位、设计单位、施工单位、工程监理单位及其他与建设工程安全生产有关的单位。

(5) 国家政策。国家鼓励建设工程安全生产的科学技术研究和先进技术的推广应用,推进建设工程安全生产的科学管理。

2. 建设单位的安全责任

建设单位应向施工单位提供施工现场及毗邻区域内等有关地下管线资料并保证资料的真实、准确、完整;不得对勘察、设计、施工、工程监理等单位提出不符合建设工程安全生产法律、法规和强制性标准规定的要求,不得压缩合同约定的工期;在编制工程概算时,应当确定有关安全施工所需费用;应当将拆除工程发包给具有相应资质等级的施工单位,等等。

3. 勘察、设计、工程监理及其他有关单位的安全责任

1）勘察单位应当按照法律、法规和工程建设强制性标准进行勘察；采取措施保证各类管线、设施和周边建筑物、构筑物的安全，等等。

2）设计单位应当按照法律、法规和工程建设强制性标准进行设计，防止因设计不合理导致生产安全事故的发生；应当考虑施工安全操作和防护的需要，并对防范生产安全事故提出指导意见；采用新结构、新材料、新工艺的建设工程和特殊结构的建设工程，设计单位应当在设计中提出保障施工作业人员安全和预防生产安全事故的措施建议，等等。

3）工程监理单位应当审查施工组织设计中的安全技术措施或者专项施工方案是否符合工程建设强制性标准。

工程监理单位在实施监理过程中发现存在安全事故隐患的，应当要求施工单位整改；情况严重的，应当要求施工单位暂时停止施工，并及时报告建设单位。施工单位拒不整改或者不停止施工的，工程监理单位应当及时向有关主管部门报告。

工程监理单位和监理工程师应当按照法律、法规和工程建设强制性标准实施监理，并对建设工程安全生产承担监理责任。

4）为建设工程提供机械设备和配件的单位，应当按照安全施工的要求配备齐全有效的保险、限位等安全设施和装置；出租机械设备和施工机具及配件的出租单位应当对出租的机械设备和施工机具及配件的安全性能进行检测；检验检测机构对检测合格的施工起重机械和整体提升脚手架、模板等自升式架设设施，应当出具安全合格证明文件，并对检测结果负责，等等。

4. 施工单位的安全责任

施工单位应当在其资质等级许可的范围内承揽工程；施工单位主要负责人依法对本单位的安全生产工作全面负责；施工单位对列入建设工程概算的安全生产作业环境及安全施工措施所需费用，不得挪作他用；施工单位应当设立安全生产管理机构，配备专职安全生产管理人员；建设工程实行施工总承包的，由总承包单位对施工现场的安全生产负总责。

施工单位应当在施工组织设计中编制安全技术措施和施工现场临时用电方案，对达到一定规模的危险性较大的分部分项工程编制专项施工方案，并附具安全验算结果，经施工单位技术负责人、总监理工程师签字后实施，由专职安全生产管理人员进行现场监督。

达到一定规模的危险性较大的分部分项工程包括：基坑支护与降水工程；土方开挖工程；模板工程；起重吊装工程；脚手架工程；拆除、爆破工程；国务院建设行政主管部门或者其他有关部门规定的其他危险性较大的工程。

5. 监督管理

国务院负责安全生产监督管理的部门对全国建设工程安全生产工作实施综合监督管理；县级以上地方人民政府负责安全生产监督管理的部门对本行政区域内建设工程安全生产工作实施综合监督管理；国务院建设行政主管部门对全国的建设工程安全生产实施监督管理；国务院交通、水利等有关部门按照国务院规定的职责分工，负责有关专业建设工程安全生产的监督管理；县级以上地方人民政府建设行政主管部门对本行政区域内的建设工程安全生产实施监督管理；县级以上地方人民政府交通、水利等有关部门在各自的职责范围内，负责本行政区域内的专业建设工程安全生产的监督管理。

6. 生产安全事故的应急救援和调查处理

县级以上地方人民政府行政主管部门和施工单位应制定建设工程（特大）生产安全事故应急救援预案；此外，《安全生产管理条例》对违规行为及应承担的法律责任、生产安全事故的应急救援、生产安全事故调查处理程序和要求等作了规定。

7. 法律责任

《安全生产管理条例》对违规行为及应承担的法律责任作了如下规定。

工程监理单位未对施工组织设计中的安全技术措施或者专项施工方案进行审查的；发现安全事故隐患未及时要求施工单位整改或暂时停止施工的；施工单位拒不整改或者不停止施工，未及时向有关主管部门报告的；未依照法律、法规和工程建设强制性标准实施监理的将受到责令限期改正。

逾期未改正的，责令停业整顿，并处 10 万元以上 30 万元以下的罚款；情节严重的，降低资质等级，直到吊销资质证书；造成重大安全事故，构成犯罪的，对直接责任人员，依照刑法有关规定追究刑事责任；造成损失的，依法承担赔偿责任等处罚。

注册执业人员未执行法律、法规和工程建设强制性标准的，责令停止执业 3 个月以上 1 年以下；情节严重的，吊销执业资格证书，5 年内不予注册；构成犯罪的，依照刑法有关规定追究刑事责任。

本 章 小 结

本章介绍了建设工程监理的产生背景、理论基础、现阶段的特点，以及建设工程法律法规体系，重点阐述了建设工程监理的定义、性质、作用，我国的建设程序和主要的建设管理制度。

复 习 思 考 题

(1) 何谓建设程序？我国现行建设程序的内容是什么？建设工程主要管理制度有哪些？

(2) 坚持建设程序具有哪些意义？建设程序与建设工程监理的关系是什么？

(3) 建设项目法人责任制的基本内容是什么？与建设工程监理制的关系是什么？

(4) 何谓建设工程监理？它的概念要点是什么？

(5) 建设工程监理具有哪些性质？它们的含义是什么？

(6) 建设工程监理有哪些作用？

(7) 建设工程监理的理论基础是什么？

(8) 现阶段我国建设工程监理有哪些特点？

(9)《建筑法》由哪些基本内容构成？总则部分的具体内容是什么？

（10）《建筑法》对建筑工程许可、建筑工程发包和承包、建筑工程监理、建筑工程质量管理等有哪些规定？

（11）建设工程质量责任主体各自的质量责任和义务有哪些？

（12）《建设工程质量管理条例》对建设工程保修有哪些规定？

（13）《建设工程安全生产管理条例》对工程监理单位的安全责任作了哪些规定？

第 2 章　监理工程师与工程监理企业

学　习　目　标

　　了解监理工程师与监理企业的一般概念，熟悉监理工程师的权利和义务，掌握监理工程师的素质、职责及工程监理企业的资质管理。

2.1　监　理　工　程　师

2.1.1　监理工程师的概念

　　监理工程师是指经全国统一考试合格并经注册取得《监理工程师岗位证书》的建设监理人员。一般地，必须同时具备三个条件：①从事工程建设监理工作的人员；②监理工程师执业资格考试合格，取得国家确认的《监理工程师资格证书》；③经省、自治区、直辖市建委（建设厅）或国务院工业、交通、水利等部门的建设主管单位核准、注册，取得《监理工程师岗位证书》和执业印章。

　　监理工程师是一种岗位职务和执业资格，不同于国家现有的专业技术职称。此外，监理工程师也不是一个终身的岗位职务，对于不从事监理业务、不在职的监理工程师或不符合条件者，由相关部门注销注册，并收回《监理工程师岗位证书》。

2.1.2　监理工程师的素质

　　(1) 掌握监理工作的方法和技能，具有丰富的工程实践经验。工程项目的监理工作是十分复杂的一个系统工程，需要做很多工作。监理工程师要运用工程、管理、法律、金融保险等各方面知识和技能，提出解决问题的方法和意见。

　　监理业务具有很强的实践性，实践经验对于监理工程师处理实际问题至关重要。工程建设中的失误，往往与工程技术人员的实践经验不足有关，而实践经验又与工作年限和工程阅历有关。因此，我国规定必须是具有高级专业技术职称，或取得中级专业技术职称后具有3年以上工程设计或施工管理实践经验的人员方可参加监理工程师资格考试。

　　(2) 具有良好的品德和职业道德。监理工程师应热爱本职工作，具有科学的工作态度，具有廉洁奉公、为人正直、办事公道的高尚情操，能够听取各方意见、冷静分析问题。监理工程师还应严格遵守自己的职业道德守则。

　　1) 维护国家的荣誉和利益，按照"守法、诚信、公正、科学"的准则执业。

　　2) 执行有关工程建设的法律、法规、标准、规范、规程和制度，履行委托监理合同规定的义务和职责。

　　3) 努力学习专业技术和建设监理知识，不断提高业务能力和监理水平。

4）不以个人名义承揽监理业务。

5）不同时在两个或两个以上工程监理企业注册和从事监理活动，不在政府部门和施工单位、材料设备的生产供应单位兼职。

6）不为所监理项目指定承包商、建筑构配件、设备、材料生产厂家和施工方法。

7）不收受被监理单位的任何礼金。

8）不泄露所监理工程各方认为需要保密的事项。

9）坚持独立自主地开展工作。

（3）善于协调工程建设过程中的各种关系。在工程建设过程中，监理工程师不仅要和业主、承包商、政府建设相关职能部门、材料供应商等许多单位打交道，也要处理资源、质量、进度、投资、安全等各种事和物。在监理工作过程中，各种关系错综复杂，相互联系和制约，不易处理。因此监理工程师在工作中应建立良好的人际关系，掌握处理各种关系的技术方法，具有良好的文字和口头表达能力。努力提高协调、处理各种关系的能力。

（4）要有健康的体魄和充沛的精力。在施工阶段从事监理，监理工作现场性强、任务繁忙、工作条件和生活条件差，而工程中出现的问题往往要求限时处理、解决。这就要求监理工程师拥有健康的身体和充沛的精力，并能够适应施工现场的工作环境。因此，我国对年满 65 周岁的监理人员不再进行注册。

2.1.3 监理工程师的权利和义务

监理工程师的主要业务是受聘于工程监理企业从事监理工作，受建设单位委托，代表工程监理企业完成委托监理合同约定的委托事项。因此，监理工程师的法律地位主要表现为受托人的权利和义务。

1. 监理工程师的权利

1）使用注册监理工程师称谓。

2）在规定范围内从事执业活动。

3）依据本人能力从事相应的执业活动。

4）保管和使用本人的注册证书和执业印章。

5）对本人执业活动进行解释和辩护。

6）接受继续教育。

7）获得相应的劳动报酬。

8）对侵犯本人权利的行为进行申诉。

2. 监理工程师的义务

1）遵守法律、法规和有关管理规定。

2）履行管理职责，执行技术标准、规范和规程。

3）保证执业活动成果的质量，并承担相应责任。

4）接受继续教育，努力提高执业水准。

5）在本人执业活动所形成的工程监理文件上签字，加盖执业印章。

6）保守在执业中知悉的国家秘密和他人的商业私密、技术秘密。

7）不得涂改、倒卖、出租、出借或者以其他形式非法转让注册证书或者执业印章。

8）不得同时在两个或者两个以上单位受聘或者执业。

9）在规定的执业范围和聘用单位业务范围内从事执业活动。

　　10）协助注册管理机构完成相关工作。

2.1.4　监理工程师资格考试

　　为了适应建立社会主义市场经济体制的要求，加强建设工程项目监理，确保工程建设质量，提高监理人员专业素质和建设工程监理工作水平，建设部、人事部自 1997 年起，在全国举行监理工程师执业资格考试。这样做，既符合国际惯例，又有助于开拓国际建设工程监理市场。

　　1．考试报名条件

　　凡中华人民共和国公民，遵纪守法，具有工程技术或工程经济专业大专以上（含大专）学历，并符合下列条件之一者，可申请参加监理工程师执业资格考试：

　　1）具有按照国家有关规定评聘的工程技术或工程经济专业中级专业技术职务，并任职满三年。

　　2）具有按照国家有关规定评聘的工程技术或工程经济专业高级专业技术职务。

　　申请参加监理工程师执业资格考试，由本人提出申请，所在工作单位推荐，持报名表到当地考试管理机构报名，并交验学历证明、专业技术职务证书。

　　2．考试科目

　　全国监理工程师执业资格考试的范围是现行的六本监理培训教材，即建设工程监理概论、建设工程合同管理、建设工程质量控制、建设工程进度控制、建设工程投资控制和工程建设信息管理等六方面的理论知识和实务技能。

　　监理工程师执业资格考试实行全国统一大纲、统一命题、统一组织的办法，每年举行一次。

　　考试科目有四科，即《建设工程监理基本理论和相关法规》、《建设工程合同管理》、《建设工程质量、投资、进度控制》和《建设工程监理案例分析》。符合免试条件的人员可以申请免试《建设工程合同管理》和《建设工程质量、投资、进度控制》两科。

　　3．考试管理

　　根据我国国情，对监理工程师执业资格考试工作实行政府统一管理。国家成立由建设行政主管部门、人事行政主管部门、计划行政主管部门和有关方面的专家组成的“全国监理工程师资格考试委员会”；省、自治区、直辖市成立“地方监理工程师资格考试委员会”。

　　参加四个科目考试人员成绩的有效期为两年，实行两年滚动管理办法，考试人员必须在连续两年内通过四科考试，方可取得《监理工程师执业资格证书》。参加两个科目考试的人员必须在一年内通过两科考试，方可取得《监理工程师执业资格证书》。

2.1.5　监理工程师的注册管理

　　（1）申请监理工程师注册者，必须具备下列条件。

　　1）热爱中华人民共和国，拥护社会主义制度，遵纪守法，遵守监理工程师职业道德。

　　2）经全国监理工程师执业资格统一考试合格，取得《监理工程师执业资格证书》。

　　3）身体健康，能胜任工程建设的现场监理工作。

4）为监理企业的在职人员，年龄在65周岁以下。

5）在工程监理工作中没有发生重大监理过失或重大质量责任事故。

（2）取得《监理工程师执业资格证书》者，需按规定向所在省（自治区、直辖市）建设部门申请注册。申请监理工程师注册，按照下列步骤办理。

1）申请人向聘用监理企业提出申请，并填写"监理工程师注册申请表"。

2）监理企业同意后，连同"监理工程师注册申请表"、《监理工程师执业资格证书》、职称证书、身份证书等材料，向省、自治区、直辖市注册主管部门或中央管理的部委（总公司）提出申请。

3）省、自治区、直辖市注册主管部门或中央管理的部委（总公司）初审合格后，报建设部监理工程师注册管理部门。

4）建设部监理工程师注册管理部门对初审意见进行审核，对符合条件者准予注册，并颁发建设部统一制作的《监理工程师岗位证书》。

取得《监理工程师执业资格证书》的监理人员一经注册，即表明获得了政府对其以监理工程师名义从业的行政许可，从而具有了相应的工作岗位的权利和责任。注册是监理人员以监理工程师名义执业的必要环节，仅取得执业资格以及已经取得《监理工程师执业资格证书》但未经注册的人员，都不得以监理工程师的名义从事工程建设监理业务。已经注册的监理工程师，必须受聘于有法人资格的监理单位方能从事监理业务活动；不得以个人名义承接工程建设监理业务，也不得同时在两个或两个以上的监理单位受聘执业。

注册监理工程师每一注册有效期为三年，注册有效期满需继续执业的，应当在注册有效期满30日前，按照《注册监理工程师管理规定》第七条规定的程序申请延续注册。延续注册有效期三年。

2.1.6 注册监理工程师的继续教育

1. 继续教育的目的

随着现代科学技术日新月异地发展，注册后的监理工程师不能一劳永逸地停留在原有知识水平上，而要随着时代的进步不断更新知识、扩大知识面，通过继续教育使注册监理工程师及时掌握与工程监理有关的政策、法律法规和标准规范，熟悉工程监理与工程项目管理的新理论、新方法，了解工程建设新技术、新材料、新设备及新工艺，适时更新业务知识，不断提高注册监理工程师业务素质和执业水平，以适应开展工程监理业务和工程监理事业发展的需要。因此，注册监理工程师每年都要接受一定学时的继续教育。国际上一些国家，如美国、英国等，对执业人员的年度考核也有类似的要求。

2. 继续教育的学时

注册监理工程师在每一注册有效期（三年）内应接受96学时的继续教育，其中必修课和选修课各为48学时。必修课48学时每年可安排16学时。选修课48学时按注册专业安排学时，只注册1个专业的，每年接受该注册专业选修课16学时的继续教育；注册2个专业的，每年接受相应2个注册专业选修课各8学时的继续教育。

注册监理工程师申请变更注册专业时，在提出申请之前，应接受申请变更注册专业24学时选修课的继续教育。注册监理工程师申请跨省级行政区域变更执业单位时，在提出申请之前，还应接受新聘用单位所在地8学时选修课的继续教育。

注册监理工程师在公开发行的期刊上发表有关工程监理的学术论文，字数在 3000 以上的，每篇可充抵选修课 4 学时；从事注册监理工程师继续教育授课工作和考试命题工作，每年每次可充抵选修课 8 学时。

3．继续教育的方式和内容

继续教育的方式有两种，即集中面授和网络教学。继续教育的内容主要包括必修课和选修课。

（1）必修课。国家近期颁布的与工程监理有关的法律法规、标准规范和政策，工程监理与工程项目管理的新理论、新方法，工程监理案例分析，注册监理工程师职业道德。

（2）选修课。地方及行业近期颁布的与工程监理有关的法规、标准规范和政策，工程建设新技术、新材料、新设备及新工艺，专业工程监理案例分析，需要补充的其他与工程监理业务有关的知识。

2.1.7　监理工程师的职责

1．总监理工程师的职责

总监理工程师应履行以下职责：

1）确定项目监理机构人员的分工和岗位职责。

2）主持编写项目监理规划，审批项目监理实施细则，并负责管理项目监理机构的日常工作。

3）审查分包单位的资质，并提出审查意见。

4）检查和监督监理人员的工作，根据工程项目的进展情况可进行监理人员调配，对不称职的监理人员应调换其工作。

5）主持监理工作会议，签发项目监理机构的文件和指令。

6）审定承包单位提交的开工报告、施工组织设计、技术方案、进度计划。

7）审核签署承包单位的申请、支付证书和竣工结算。

8）审查和处理工程变更。

9）主持或参与工程质量事故的调查。

10）调解建设单位与承包单位的合同争议，处理索赔，审批工程延期。

11）组织编写并签发监理月报、监理工作阶段报告、专题报告和项目监理工作总结。

12）审核签认分部工程和单位工程的质量检验评定资料，审查承包单位的竣工申请，组织监理人员对待验收的工程项目进行质量检查，参与工程项目的竣工验收。

13）主持整理工程项目的监理资料。

2．总监理工程师代表的职责

总监理工程师代表应履行以下职责：

（1）负责总监理工程师指定或交办的监理工作。

（2）按总监理工程师的授权，行使总监理工程师的部分职责和权力。根据《建设工程监理规范》（GB 50319—2000），总监理工程师不得将下列工作委托总监理工程师代表：

1）主持编写项目监理规划，审批项目监理实施细则。

2）签发工程开工报审表、工程复工报审表、工程暂停令、工程款支付证书、工程竣工报验单。

3）审核签认竣工结算。

4）调解建设单位与承包单位的合同争议，处理索赔，审批工程延期。

5）根据工程项目的进展情况进行监理人员的调配，调换不称职的监理人员。

3．专业监理工程师的职责

专业监理工程师应履行以下职责：

1）负责编制本专业的监理实施细则。

2）负责本专业监理工作的具体实施。

3）组织、指导、检查和监督本专业监理员的工作，当人员需要调整时，向总监理工程师提出建议。

4）审查承包单位提交的涉及本专业的计划、方案、申请、变更，并向总监理工程师提出报告。

5）负责本专业分项工程验收及隐蔽工程验收。

6）定期向总监理工程师提交本专业监理工作实施情况报告，对重大问题及时向总监理工程师汇报和请示。

7）根据本专业监理工作实施情况记好监理日记。

8）负责本专业监理资料的收集、汇总及整理，参与编写监理月报。

9）核查进场材料、设备、构配件的原始凭证、检测报告等质量证明文件及其质量情况，根据实际情况认为有必要时对进场材料、设备、构配件进行平行检验，合格时予以签认。

10）负责本专业的工程计量工作，审核工程计量的数据和原始凭证。

4．监理员的职责

监理员应履行以下职责：

1）在专业监理工程师的指导下开展现场监理工作。

2）检查承包单位投入工程项目的人力、材料、主要设备及其使用、运行状况，并做好检查记录。

3）复核或从施工现场直接获取工程计量的有关数据并签署原始凭证。

4）按设计图及有关标准，对承包单位的工艺过程或施工工序进行检查和记录，对加工制作及工序施工质量检查结果进行记录。

5）担任旁站工作，发现问题及时指出，并向专业监理工程师报告。

6）记好监理日记和做好有关的监理记录。

2.2 工程监理企业

工程监理企业是指具有工程监理企业资质证书，从事工程监理业务的经济组织，它是监理工程师的执业机构。工程监理企业为业主提供技术咨询服务，属于从事第三产业的企业。

2.2.1 工程监理企业的组织形式

工程监理企业的组织形式是指其组织经营的形态和方式。在市场经济条件下，工程监理企业作为一种经济组织，必须是一个赢利的经济单位。因此工程监理企业只有选择了合理的组织形式，才有可能充分地调动各方面的积极性，使之充满生机和活力。

根据我国现行法律法规的规定，监理企业的组织形式大致有三种，即个人独资监理企业、合伙制监理企业和公司制监理企业。

1. 个人独资监理企业

个人独资监理企业是指依法设立，由一个自然人投资，财产为投资人个人所有，投资人以其个人财产对监理企业债务承担无限责任的经营实体。

个人独资监理企业特点：①只有一个出资者；②出资人对企业债务承担无限责任；③一般而言，独资监理企业并不作为企业所得税的纳税主体，其收益纳入所有者的其他收益一并计算交纳个人所得税，通常易于组建。

2. 合伙制监理企业

合伙监理企业是依法设立，由各合伙人订立合伙协议，共同出资，合伙经营，共享收益，共担风险，并对监理企业债务承担无限连带责任的营利组织。

合伙制监理企业特点：①有两个以上所有者（出资者）；②合伙人对企业债务承担连带无限责任，包括对其他无限责任合伙人集体采取的行为负无限责任；③合伙人通常按照其出资比例分享利润或分担亏损；④合伙监理企业本身一般不交纳企业所得税，其收益直接分配给合伙人。

3. 公司制监理企业

公司制监理企业，又可分为有限责任公司和股份有限公司。

（1）工程监理有限责任公司。工程监理有限责任公司是依法设立，股东以其出资额为限对公司承担责任，公司以其全部资产对公司的债务承担责任的企业法人。其特点是：①有2~50个出资者；②股东对公司债务承担有限责任；③监理公司交纳企业所得税。

（2）工程监理股份有限公司。工程监理股份有限公司是依法设立，其全部股本分为等额股份，股东以其所持股份为限对公司承担责任，公司以其全部资产对其债务承担责任的企业法人。工程监理股份有限公司是与其所有者即股东相独立和相区别的法人。

工程监理股份有限公司与个人独资监理企业和合伙制监理企业相比，具有以下特点：

1）有限责任。股东对公司债务承担有限责任，倘若公司破产清算，股东的损失以其对公司的投资额为限。而后者，其所有者可能损失更多，甚至个人的全部财产。

2）永续存在。前者的法人地位不受某些股东死亡或转让股份的影响，因此，其寿命较之后者更有保障。

3）可转让性。一般而言，前者的股份转让比后者的权益转让更为容易。

4）易于筹资。工程监理股份有限公司永续存在以及举债和增股的空间大，因此就筹集资本的角度而言，是有效的企业组织形式。

5）对公司的收益重复纳税。作为一种企业组织形式，工程监理股份有限公司也有不足，最大的缺点是公司的收益先要交纳公司所得税；税后收益以现金股利分配给股东后，股东还要交纳个人所得税。

上述监理企业组织形式都属于现代企业的范畴，都具有明晰的产权，体现了不同层次的生产力发展水平和行业的特点。

2.2.2 工程监理企业的资质管理

对工程监理企业实行资质管理，是我国政府为了维护建筑市场秩序，保证建设工程的质量、工期和投资效益的发挥，实行市场准入控制的有效手段。工程监理企业应当按照其拥有的注册资本、专业技术人员和工程监理业绩等资质条件申请资质。经相关部门审查合格，并取得相应的资质证书后，方可在其资质等级许可的范围内从事工程监理活动。

根据建设部颁布的《工程监理企业资质管理规定》、《工程监理企业资质管理规定实施意见》，我国对工程监理企业的资质管理主要内容包括：①对监理企业的设立、定级、升级、降级、变更和终止等资质审查、批准、证书管理；②对监理企业经营业务的管理；③对工程监理企业实行资质年检制度，以及年检工作的内容、程序等。

2.2.2.1 工程监理企业的资质等级和业务范围

工程监理企业应当按照经批准的工程类别范围和资质等级承接监理业务。根据工程性质和技术特点可以分为房屋建筑工程、冶炼工程、矿山工程、化工与石油工程、水利水电工程、电力工程、林业及生态工程、铁路工程、公路工程、港口与航道工程、航天航空工程、通信工程、市政公用工程、机电安装工程 14 个工程类别。每个工程类别又可按照工程规模或技术复杂程度将其分为一等、二等、三等。按照《工程监理企业资质管理规定》的要求，工程监理企业资质相应地分为 14 个工程类别。工程监理企业可以申请一项或者多项工程类别资质。申请多项资质的工程监理企业，应当选择一项为主项资质，其余为增项资质，并且工程监理企业的增项资质级别不得高于主项资质级别。此外，工程监理企业申请多项工程类别资质的，其注册资金应达到主项资质标准，并且从事其增项专业工程监理业务的注册监理工程师人数应当符合国务院有关专业部门的要求。

工程监理企业可分为综合资质、专业资质和事务所资质；其中，专业资质又可分为甲、乙、丙三个资质等级，各资质等级标准如下。

1. 综合资质标准

1）具有独立法人资格，且注册资本不少于 600 万元。

2）具有 5 个以上工程类别的专业甲级工程监理资质。

3）注册监理工程师不少于 60 人，注册造价工程师不少于 5 人，一级注册建造师、一级注册建筑师、一级注册结构工程师及其他勘察设计注册工程师累计不少于 15 人次。

4）企业具有完善的组织结构和质量管理体系，有健全的技术、档案等管理制度。

5）企业具有必要的工程试验检测设备。

6）申请工程监理资质之日前 1 年内没有规定禁止的行为。

7）申请工程监理资质之日前 1 年内没有因本企业监理责任造成质量事故。

8）申请工程监理资质之日前 1 年内没有因本企业监理责任发生三级以上工程建设重大安全事故或者发生 2 起以上四级工程建设安全事故。

2. 专业资质标准

（1）甲级。

1）具有独立法人资格，且注册资本不少于 300 万元。

2）企业技术负责人应为注册监理工程师，并具有 15 年以上从事工程建设工作的经历或者具有工程类高级职称。

3）注册监理工程师、注册造价工程师、一级注册建造师、一级注册建筑师、一级注册结构工程师及其他勘察设计注册工程师累计不少于 25 人次；其中，相应专业注册监理工程师不少于《专业资质注册监理工程师人数配备表》（表 2.1）中要求配备的人数，注册造价工程师不少于 2 人。

4）企业近 2 年内独立监理过 3 个以上相应专业的二级工程项目。

5）企业具有完善的组织结构和质量管理体系，有健全的技术、档案等管理制度。

6）企业具有必要的工程试验检测设备。

7）申请工程监理资质之日前 1 年内没有规定禁止的行为。

8）申请工程监理资质之日前 1 年内没有因本企业监理责任造成质量事故。

9）申请工程监理资质之日前 1 年内没有因本企业监理责任发生三级以上工程建设重大安全事故或者发生 2 起以上四级工程建设安全事故。

（2）乙级。

1）具有独立法人资格，且注册资本不少于 100 万元。

2）企业技术负责人应为注册监理工程师，并具有 10 年以上从事工程建设工作的经历。

3）注册监理工程师、注册造价工程师、一级注册建造师、一级注册建筑师、一级注册结构工程师及其他勘察设计注册工程师累计不少于 15 人次。其中，相应专业注册监理工程师不少于《专业资质注册监理工程师人数配备表》（表 2.1）中要求配备的人数，注册造价工程师不少于 1 人。

表 2.1　　　　　　　　　专业资质注册监理工程师人数配备表　　　　　　　　单位：人

序　号	工程类别	甲　级	乙　级	丙　级
1	房屋建筑工程	15	10	5
2	冶炼工程	15	10	
3	矿山工程	20	12	
4	化工与石油工程	15	10	
5	水利水电工程	20	12	5
6	电力工程	15	10	
7	林业及生态工程	15	10	
8	铁路工程	23	14	
9	公路工程	20	12	5
10	港口与航道工程	20	12	
11	航天航空工程	20	12	
12	通信工程	20	12	
13	市政公用工程	15	10	5
14	机电安装工程	15	10	

注　表中各专业资质注册监理工程师人数配备是指企业取得本专业工程类别注册的注册监理工程师人数。

4）有较完善的组织结构和质量管理体系，有技术、档案等管理制度。

5）有必要的工程试验检测设备。

6）申请工程监理资质之日前1年内没有规定禁止的行为。

7）申请工程监理资质之日前1年内没有因本企业监理责任造成质量事故。

8）申请工程监理资质之日前1年内没有因本企业监理责任发生三级以上工程建设重大安全事故或者发生2起以上四级工程建设安全事故。

（3）丙级。

1）具有独立法人资格，且注册资本不少于50万元。

2）企业技术负责人应为注册监理工程师，并具有8年以上从事工程建设工作的经历。

3）相应专业的注册监理工程师不少于《专业资质注册监理工程师人数配备表》（表2.1）中要求配备的人数。

4）有必要的质量管理体系和规章制度。

5）有必要的工程试验检测设备。

3．事务所资质标准

1）取得合伙企业营业执照，具有书面合作协议书。

2）合伙人中有3名以上注册监理工程师，合伙人均有5年以上从事建设工程监理的工作经历。

3）有固定的工作场所。

4）有必要的质量管理体系和规章制度。

5）有必要的工程试验检测设备。

4．工程监理业务范围

（1）综合资质。可以承担所有专业工程类别建设工程项目的工程监理业务。

（2）专业资质。

1）专业甲级资质：可承担相应专业工程类别建设工程项目的工程监理业务。

2）专业乙级资质：可承担相应专业工程类别二级以下（含二级）建设工程项目的工程监理业务。

3）专业丙级资质：可承担相应专业工程类别三级建设工程项目的工程监理业务。

（3）事务所资质。可承担三级建设工程项目的工程监理业务，但是国家规定必须实行监理的工程除外。

此外，工程监理企业都可以开展相应类别建设工程的项目管理、技术咨询等业务。

2.2.2.2　工程监理企业的资质审批程序

工程监理企业申请综合资质、专业甲级资质的，要向企业工商注册所在地的省、自治区、直辖市人民政府建设主管部门提出申请。省、自治区、直辖市人民政府建设主管部门自受理申请之日起20日内审查完毕，将审查意见和全部申请材料报国务院建设主管部门，国务院建设主管部门自受理申请材料之日起20日内作出决定，其中涉及铁道、交通、水利、信息产业、民航等专业工程监理资质的，由国务院有关部门初审，国务院建设主管部门根据初审意见审批。

工程监理企业申请专业乙级、丙级资质和事务所资质的，由企业所在地省、自治区、直辖市人民政府建设主管部门审批。

工程监理企业合并的，合并后存续或者新设立的工程监理企业可以承继合并前各方中较高的资质等级，但应当符合相应的资质等级条件。工程监理企业分立的，分立后企业的资质等级，根据实际达到的资质条件，按照本规定的审批程序核定。

2.2.2.3　工程监理企业的资质管理

为了加强对工程监理企业的资质管理，保障其依法经营业务，促进建设工程监理事业的健康发展，国家建设行政主管部门对工程监理企业资质管理工作制定了相应的管理规定。

1.工程监理企业的资质管理机构及其职责

根据我国现阶段管理体制，我国工程监理企业的资质管理确定的原则是"分级管理，统分结合"，按中央和地方两个层次进行管理。国务院建设行政主管部门负责全国工程监理企业资质的统一管理工作。涉及交通、水利、信息产业、民航等专业工程监理资质的，由国务院交通、水利、信息产业、民航等有关部门配合国务院建设行政主管部门实施资质管理工作。省、自治区、直辖市人民政府建设行政主管部门负责本行政区域内工程监理企业资质的统一管理工作，省、自治区、直辖市人民政府交通、水利、通信等有关部门配合同级建设行政主管部门实施相关资质类别工程监理企业资质的管理工作。

2.工程监理企业资质审批的公示公告制度

资质初审工作完成后，初审结果先在中国工程建设信息网上公示。经公示后，对于工程监理企业符合资质标准的，予以审批，并将审批结果在中国工程建设信息网上公告。实行这一制度的目的是提高资质审批工作的透明度，便于社会监督，从而增强其公正性。

3.工程监理企业的违规处理

工程监理企业必须依法开展监理业务，全面履行委托监理合同约定的责任和义务。当出现违规现象时，建设行政主管部门将根据情节给予必要的处罚。违规现象主要有以下几方面。

1）以欺骗手段取得《工程监理企业资质证书》。

2）超越本企业资质等级承揽监理业务。

3）未取得《工程监理企业资质证书》而承揽监理业务。

4）转让监理业务。转让监理业务是指监理企业不履行委托监理合同约定的责任和义务，将所承担的监理业务全部转给其他监理企业，或者将其肢解以后分别转给其他监理企业的行为。国家有关法律法规明令禁止转让监理业务的行为。

5）挂靠监理业务。挂靠监理业务是指监理企业允许其他单位或者个人以本企业名义承揽监理业务。这种行为也是国家有关法律法规明令禁止的。

6）与建设单位或者施工单位串通，弄虚作假、降低工程质量。

7）将不合格的建设工程、建筑材料、建筑构配件和设备按照合格签字。

8）工程监理企业与被监理工程的施工承包单位以及建筑材料、建筑构配件和设备供应单位有隶属关系或者其他利害关系，并承担该项建设工程的监理业务。

2.2.3　工程监理企业经营活动的基本准则

工程监理企业从事建设工程监理活动，应当遵循"守法、诚信、公正、科学"的准则。

1. 守法

守法，即遵守国家的法律法规。对于工程监理企业来说，守法即是要依法经营，主要体现在以下几个方面。

1）工程监理企业只能在核定的业务范围内开展经营活动。工程监理企业的业务范围是指填写在资质证书中，经工程监理资质管理部门审查确认的主项资质和增项资质。核定的业务范围包括两方面：一是监理业务的工程类别；二是承接监理工程的等级。

2）工程监理企业不得伪造、涂改、出租、出借、转让、出卖《工程监理企业资质证书》。

3）建设工程监理合同一经双方签订，即具有法律约束力，工程监理企业应按照合同的约定认真履行，不得无故或故意违背自己的承诺。

4）工程监理企业离开原住所地承接监理业务，要自觉遵守当地人民政府颁发的监理法规和有关规定，主动向监理工程所在地的省、自治区、直辖市建设行政主管部门备案登记，接受其指导和监督管理。

5）遵守国家关于企业法人的其他法律、法规的规定。

2. 诚信

诚信，即诚实守信用。这是道德规范在市场经济中的体现。它要求一切市场参加者在不损害他人利益和社会公共利益的前提下追求自己的利益，目的是在当事人之间的利益关系和当事人与社会之间的利益关系中实现平衡，并维护市场道德秩序。诚信原则的主要作用在于指导当事人以善意的心态、诚信的态度行使民事权利，承担民事义务，正确地从事民事活动。

加强企业信用管理，提高企业信用水平，是完善我国工程监理制度的重要保证。企业信用的实质是解决经济活动中经济主体之间的利益关系。它是企业经营理念、经营责任和经营文化的集中体现。信用是企业的一种无形资产，良好的信用能为企业带来巨大效益。我国是世贸组织的成员，信用将成为我国企业走出去，进入国际市场的身份证。它是能给企业带来长期经济效益的特殊资本。监理企业应当树立良好的信用意识，使企业成为讲道德、讲信用的市场主体。

工程监理企业应当建立健全企业的信用管理制度。信用管理制度主要包括：

1）建立健全合同管理制度。

2）建立健全与业主的合作制度，及时进行信息沟通，增强相互间的信任感。

3）建立健全监理服务需求调查制度，这也是企业进行有效竞争和防范经营风险的重要手段之一。

4）建立企业内部信用管理责任制度，及时检查和评估企业信用的实施情况，不断提高企业信用管理水平。

3. 公正

公正，是指工程监理企业在监理活动中既要维护业主的利益，又不能损害承包商的合法利益，并依据合同公平合理地处理业主与承包商之间的争议。工程监理企业要做到公正，必须做到以下几点：

1）要具有良好的职业道德。

2）要坚持实事求是。

3）要熟悉有关建设工程合同条款。

4）要提高专业技术能力。

5）要提高综合分析判断问题的能力。

4．科学

科学，是指工程监理企业要依据科学的方案，运用科学的手段，采取科学的方法开展监理工作。工程监理工作结束后，还要进行科学的总结。实施科学化管理主要体现在以下三个方面。

（1）科学的方案。工程监理的方案主要是指监理规划。其内容包括：工程监理的组织计划，监理工作的程序，各专业、各阶段监理工作内容，工程的关键部位或可能出现的重大问题的监理措施，等等。在实施监理前，要尽可能准确地预测出各种可能的问题，有针对性地拟定解决办法，制定出切实可行、行之有效的监理实施细则，使各项监理活动都纳入计划管理的轨道。

（2）科学的手段。实施工程监理必须借助于先进的科学仪器才能做好监理工作，如各种检测、试验、化验仪器、摄录像设备及计算机等。

（3）科学的方法。监理工作的科学方法主要体现在监理人员在掌握大量的、确凿的有关监理对象及其外部环境实际情况的基础上，适时、妥帖、高效地处理有关问题；解决问题要用事实说话、用书面文字说话、用数据说话；要开发、利用计算机软件辅助工程监理。

2.2.4　工程监理企业的市场开发

2.2.4.1　取得监理业务的基本方式

1．业主直接委托取得监理业务

通常在以下情况，监理企业可以通过业主直接委托取得监理业务：

1）不宜公开招标的机密工程。

2）没有投标竞争对手的工程。

3）规模比较小、监理业务比较单一的工程。

4）原工程监理企业续用。

其监理业务不需要通过公开投标竞争承接，而是由建设单位或其委托代理人直接委托监理单位监理，经过协商达成协议。要获得直接委托监理业务，一是要靠自身雄厚的监理实力和优异的监理业绩；二是要靠同建设单位在长期合作共事中赢得信誉，建立了被信赖的良好关系。在竞争激烈的建筑市场中，监理企业必须珍惜业主直接委托的监理业务，并把承担的此类监理业务做好，力争取得更多的直接委托监理业务。

2．投标竞争取得监理业务

《工程建设项目招标范围和规模标准规定》（发改委 2000 年 3 号令）明确了工程监理的招标范围和规模标准：第一是监理单项合同估算价在 50 万元人民币以上的；第二是单项合同估算价虽低于 50 万元，但项目总投资额在 3000 万元人民币以上的。只要满足这两个条件之一的，就必须通过招标来选择监理单位。目前，建设单位（业主）采用招标投标方式选择建设监理单位的日渐增多。招标投标包括招标和投标两方面的内容，是一种带有明显竞争性的经济活动。工程监理招标投标在选择满足工程项目要求的优秀监理单位，提高监理服务质量，保证工程项目的质量，保护国家利益和社会公共利益以及业主合法权益等方面发挥着巨大作用。

2.2.4.2 工程监理企业投标书的核心

工程监理企业向业主提供的是管理服务，所以，工程监理企业投标书的核心是反映所提供的管理服务水平高低的监理大纲，尤其是主要的监理对策。业主在监理招标时应以监理大纲的水平作为评定投标书优劣的重要内容，而不应把监理费的高低当作选择工程监理企业的主要评定标准。作为工程监理企业，不应该以降低监理费作为竞争的主要手段去承揽监理业务。

一般情况下，监理大纲中主要的监理对策是指：根据监理招标文件的要求，针对业主委托监理工程的特点，初步拟订的该工程的监理工作指导思想，主要的管理措施、技术措施，拟投入的监理力量以及为搞好该项工程建设而向业主提出的原则性的建议等。

2.2.4.3 工程监理费的计算方法

1. 工程监理费的构成

建设工程监理费是指业主依据委托监理合同支付给监理企业的监理酬金。它是构成工程概（预）算的一部分，在工程概（预）算中单独列支。建设工程监理费由监理直接成本、监理间接成本、税金和利润四部分构成。

（1）直接成本。直接成本是指监理企业履行委托监理合同时所发生的成本。这主要包括：

1）监理人员和监理辅助人员的工资、奖金、津贴、补助、附加工资等。

2）用于监理工作的常规检测工器具、计算机等办公设施的购置费和其他仪器、机械的租赁费。

3）用于监理人员和辅助人员的其他专项开支，包括办公费、通信费、差旅费、书报费、文印费、会议费、医疗费、劳保费、保险费、休假探亲费等。

4）其他费用。

（2）间接成本。间接成本是指全部业务经营开支及非工程监理的特定开支，具体内容包括：

1）管理人员、行政人员以及后勤人员的工资、奖金、补助和津贴。

2）经营性业务开支，包括为招揽监理业务而发生的广告费、宣传费、有关合同的公证费等。

3）办公费，包括办公用品、报刊、会议、文印、上下班交通费等。

4）公用设施使用费，包括办公使用的水、电、气、环卫、保安等费用。

5）业务培训费、图书、资料购置费。

6）附加费，包括劳动统筹、医疗统筹、福利基金、工会经费、人身保险、住房公积金、特殊补助等。

7）其他费用。

（3）税金。税金是指按照国家规定，工程监理企业应交纳的各种税金总额，如营业税、所得税、印花税等。

（4）利润。利润是指工程监理企业的监理活动收入扣除直接成本、间接成本和各种税金之后的余额。

2. 监理费的计算方法

监理费的计算方法，一般由业主与工程监理企业协商确定。监理费的计算方法主要包括以下四种。

（1）按建设工程投资的百分比计算法。这种方法是按照工程规模的大小和所委托的监理工作的繁简，以建设工程投资的一定百分比来计算。这种方法比较简便，业主和工程监理企业均容易接受，也是国家制定监理取费标准的主要形式。采用这种方法的关键是确定计算监理费的基数。新建、改建、扩建工程以及较大型的技术改造工程所编制的工程的概（预）算就是初始计算监理费的基数。工程结算时，再按实际工程投资进行调整。当然，作为计算监理费基数的工程概（预）算仅限于委托监理的工程部分。

（2）工资加一定比例的其他费用计算法。这种方法是以项目监理机构监理人员的实际工资为基数乘上一个系数而计算出来的。这个系数包括了应有的间接成本和税金、利润等。除了监理人员的工资之外，其他各项直接费用等均由业主另行支付。一般情况下，较少采用这种方法，因为在核定监理人员数量和监理人员的实际工资方面，业主与工程监理企业之间难以取得完全一致的意见。

（3）按时计算法。这种方法是根据委托监理合同约定的服务时间（计算时间的单位可以是小时，也可以是工作日或月），按照单位时间监理服务费来计算监理费的总额。单位时间的监理服务费一般是以工程监理企业员工的基本工资为基础，加上一定的管理费和利润（税前利润）。采用这种方法时，监理人员的差旅费、工作函电费、资料费以及试验和检验费、交通费等均由业主另行支付。

这种计算方法主要适用于临时性的、短期的监理业务，或者不宜按工程概（预）算的百分比等其他方法计算监理费的监理业务。由于这种方法在一定程度上限制了工程监理企业潜在效益的增加，因而，单位时间内监理费的标准比工程监理企业内部实际的标准要高得多。

（4）固定价格计算法。这种方法是指在明确监理工作内容的基础上，业主与监理企业协商一致确定的固定监理费，或监理企业在投标中以固定价格报价并中标而形成的监理合同价格。当工作量有所增减时，一般也不调整监理费。这种方法适用于监理内容比较明确的中小型工程监理费的计算，业主和工程监理企业都不会承担较大的风险。如住宅工程的监理费，可以按单位建筑面积的监理费乘以建筑面积确定监理总价。

2.2.4.4　工程监理企业在竞争承揽监理业务中应注意的事项

1）严格遵守国家的法律、法规及有关规定，遵守监理行业职业道德，不参与恶性压价竞争活动，严格履行委托监理合同。

2）严格按照批准的经营范围承接监理业务，特殊情况下，承接经营范围以外的监理业务时，需向资质管理部门申请批准。

3）承揽监理业务的总量要视本单位的力量而定，不得在与业主签订监理合同后，把监理业务转包给其他工程监理企业，或允许其他企业、个人以本监理企业的名义挂靠承揽监理业务。

4）对于监理风险较大的建设工程，可以联合几家工程监理企业组成联合体共同承担监理业务，以分担风险。

本 章 小 结

本章介绍了监理工程师和工程监理企业的基本概念、基本原则，监理工程师注册考试报考，工程监理企业的资质申请、审批，监理工程师的注册管理等规定；阐述了监理工程师的职业道德；重点讲述了工程监理企业的市场开发及经营活动的准则。

复 习 思 考 题

（1）实行监理工程师执业资格考试和注册制度的目的是什么？

（2）监理工程师应具备什么样的知识结构？

（3）监理工程师应遵循的职业道德守则有哪些？

（4）监理工程师的注册条件是什么？

（5）试论监理工程师的法律责任。

（6）设立工程监理企业的基本条件是什么？

（7）工程监理企业的资质要素包括哪些内容？

（8）工程监理企业经营活动的基本准则是什么？

（9）监理费的构成有哪些？如何计算监理费？

（10）结合监理企业实际情况，试述如何开展市场竞争。

第3章　监理组织及监理规划

学 习 目 标

　　了解组织的基本概念、组织构成因素、组织机构设置原则；熟悉监理机构的建立步骤、建设工程监理的协调问题；掌握监理机构的主要形式及建设工程监理模式，监理大纲与监理规划的定义、监理规划的主要内容及编写要求。

3.1　建 设 监 理 组 织

3.1.1　组织的基本概念

3.1.1.1　组织的定义

　　"组织"一词的含义比较宽泛，在组织结构学中，它表示结构性组织，是为了使系统达到特定目标而设置不同层次的权力和责任制度，使全体参与者分工协作，从而构成的一种组合体，如项目组织、企业组织等。组织包含三个方面的意思：

　　1）目标是组织存在的前提。

　　2）组织以分工协作为特点。

　　3）组织具有一定层次的权力和责任制度。

　　工程项目组织是指为完成特定的工程项目任务而建立起来的，从事工程项目具体工作的组织。该组织是在工程项目寿命期内临时组建的，是暂时的，只是为完成特定的目的而成立的。工程项目中，由目标产生工作任务，由工作任务决定承担者，由承担者形成组织。

3.1.1.2　组织的构成因素

　　一般来说，组织由管理层次、管理跨度、管理部门、管理职能四大因素构成，呈上小下大的形式，四大因素密切相关、相互制约。

　　1. 管理层次

　　管理层次是指从组织的最高管理者到最基层的实际工作人员的等级层次的数量。管理层次可以分为三个层次，即决策层、协调层和执行层、操作层，三个层次的职能要求不同，表示不同的职责和权限，由上到下权责递减，人数却递增。组织必须形成一定的管理层次，否则其运行将陷于无序状态；管理层次也不能过多，否则会造成资源和人力的巨大浪费。

　　2. 管理跨度

　　管理跨度是指一个主管直接管理下属人员的数量。在组织中，某级管理人员的管理跨度大小直接取决于这一级管理人员所要协调的工作量，跨度大，处理人与人之间关系的数量随之增大。跨度太大时，领导者和下属接触频率会太高，领导与下属常有应接不暇之感，因此，在组织结构设计时，必须强调跨度适当。跨度的大小又和分层多少有关，一般来说，管理层次多，跨度会小；层次少，跨度会大。

3. 管理部门

按照类别对专业化分工的工作进行分组，以便对工作进行协调，即为部门化。部门可以根据职能、产品类型、地区、顾客类型来划分。组织中各部门的合理划分对发挥组织效能非常重要，如果划分不合理，就会造成控制、协调困难，从而浪费人力、物力、财力。

4. 管理职能

组织机构设计确定的各部门的职能，在纵向要使指令传递、信息反馈及时，在横向要使各部门相互联系、协调一致。

3.1.1.3 组织结构的设计

组织结构就是指在组织内部构成的和各部门间所确定的较为稳定的相互关系和联系方式。简单地说，就是指对工作如何进行分工、分组和协调合作。组织结构设计是对组织活动和组织结构的设计过程，目的是提高组织活动的效能，是管理者在建立系统有效关系中的一种科学的、有意识的过程，既要考虑外部因素，又要考虑内部因素。组织结构设计通常要考虑下列六项基本原则。

1. 工作专业化与协作统一

强调工作专业化的实质就是要求每一个人专门从事工作活动的一部分，而不是全部。通过重复性的工作使员工的技能得到提高，从而提高组织的运行效率；在组织机构中还要强调协作统一，就是明确组织机构内部各部门之间和各部门内部的协调关系和配合方法。

2. 才职相称

通过考察个人的学历与经历或其他途径，了解其知识、才能、气质、经验，进行比较，使每个人具有的和可能具有的才能与其职务上的要求相适应，做到才职相称，才得其用。

3. 命令链

命令链是指存在于从组织的最高层到最基层的一种不间断的权力路线。每个管理职位对应着一定的人，每个人在命令链中都有自己的位置；同时，每个管理者为完成自己的职责任务，都要被授予一定的权力。也就是说，一个人应该只对一个主管负责。

4. 管理跨度与管理层次相统一

在组织结构设计的过程中，管理跨度和管理层次成反比关系。在组织机构中当人数一定时，如果跨度大，层次则可适当减少；反之，如果跨度缩小，则层次就会增多。所以，在组织设计的过程中，一定要全面通盘考虑各种影响因素，科学确定管理跨度和管理层次。

5. 集权与分权统一

在任何组织中，都不存在绝对的集权和分权。从本质上来说，这是一个决策权应该放在哪一级的问题。高度的集权造成盲目和武断，过分的分权则会导致失控、不协调。所以，在组织结构设计中，在相应的管理层次是否采取集权或分权的形式要根据实际情况来确定。

6．正规化

正规化是指组织中的工作实行标准化的程度。应该通过提高标准化的程度来提高组织的运行效率。

3.1.1.4　组织机构活动的基本原理

1．要素有用性原理

一个组织系统中的基本要素有人力、财力、物力、信息、时间等，这些要素都是必要的，但每个要素的作用大小是不一样的，而且会随着时间、场合的变化而变化。所以在组织活动过程中应根据各要素在不同的情况下的不同作用进行合理安排、组合和使用，做到人尽其才、财尽其利、物尽其用，尽最大可能提高各要素的利用率。

一切要素都有用，这是要素的共性。然而要素除了有共性外，还有个性。比如同样是工程师，由于专业、知识、经验、能力不同，各人所起的作用就不相同。所以，管理者要具体分析各个要素的特殊性，以便充分发挥每一要素的作用。

2．动态相关性原理

组织系统内部各要素之间既相互联系，又相互制约；既相互依存，又相互排斥。这种相互作用的因子叫做相关因子，充分发挥相关因子的作用，是提高组织管理效率的有效途径。事物在组合过程当中，由于相关因子的作用，可以发生质变，一加一可以等于二，也可以大于二，还可以小于二，整体效应不等于各局部效应的简单相加，这就是动态相关性原理。组织管理者的重要任务就是在于使组织机构活动的整体效应大于各局部效应之和，否则，组织就没有存在的意义了。

3．主观能动性原理

人是生产力中最活跃的因素，因为人是有生命的、有感情的、有创造力的。人会制造工具，会使用工具劳动并在劳动中改造世界，同时也在改造自己。组织管理者应该充分发挥人的主观能动性，只有当主观能动性发挥出来时才会取得最佳效果。

4．规律效应性原理

规律是客观事物内部的、本质的、必然的联系。一个成功的管理者懂得只有努力揭示和掌握管理过程中的客观规律，按规律办事，才能取得好的效应。

3.1.2　项目监理机构

3.1.2.1　项目监理机构的组织形式

项目监理机构的组织形式是指项目监理机构具体采用的管理组织结构，应根据建设工程的特点、建设工程组织管理模式、业主委托的监理任务以及监理单位自身情况而确定。常用的项目监理机构组织形式有以下几种。

1．直线制监理组织形式

这种组织形式的特点是项目监理机构中任何一个下级只接受上级的命令。各级部门主管人员对所属部门的问题负责，项目监理机构中不再另设职能部门。

这种组织形式适用于能划分为若干相对独立的子项目的大、中型建设工程。如图 3.1 所示，总监理工程师负责整个工程的规划、组织和指导，并负责整个工程范围内各方面的指挥、协调工作；子项目监理组分别负责各子项目的目标值控制，具体领导现场专业或专项监理组的工作。

如果业主委托监理单位对建设项目实施全过程监理，项目监理机构的部门还可按不同的建设阶段分解设置直线制监理组织形式。

对于小型建设工程，监理单位也可以采用按专业内容分解的直线制监理组织形式。

直线制监理组织形式的主要优点是组织机构简单，权力集中，命令统一，职责分明，决策迅速，隶属关系明确。缺点是实行没有职能部门的"个人管理"，这就要求总监理工程师通晓各种业务，通晓多种知识技能，成为"全能"式人物。

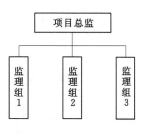

图 3.1 直线制监理组织
形式示意图

2. 职能制监理组织形式

职能制监理组织形式，是在监理机构内设立一些职能部门，把相应的监理职责和权力交给职能部门，各职能部门在本职能范围内有权直接指挥下级，如图 3.2 所示。此种组织形式一般适用于大、中型建设工程。

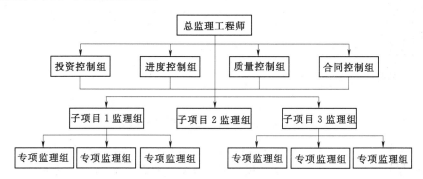

图 3.2 职能制监理组织形式示意图

这种组织形式的主要优点是加强了项目监理目标控制的职能化分工，能够发挥职能机构的专业管理作用，提高管理效率，减轻总监理工程师负担。但由于下级人员受多头领导，如果上级指令相互矛盾，将使下级在工作中无所适从。

3. 直线—职能制监理组织形式

直线—职能制监理组织形式是吸收了直线制监理组织形式和职能制监理组织形式的优点而形成的一种组织形式。这种组织形式把管理部门和人员分为两类：一类是直线指挥部门和人员，他们拥有对下级实行指挥和发布命令的权力，并对该部门的工作全面负责；另一类是职能部门和人员，他们是直线指挥人员的参谋，他们只能对下级部门进行业务指导，而不能对下级部门直接进行指挥和发布命令，如图 3.3 所示。

这种形式保持了直线制组织实行直线领导、统一指挥、职责清楚的优点，另一方面又保持了职能制组织目标管理专业化的优点；其缺点是职能部门与指挥部门易产生矛盾，信息传递路线长，不利于互通情报。

4. 矩阵制监理组织形式

矩阵制监理组织形式是由纵横两套管理系统组成的矩阵形组织结构，一套是纵向的职

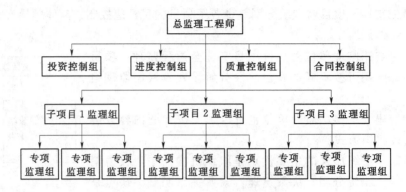

图 3.3　直线—职能制监理组织形式

能系统；另一套是横向的子项目系统，如图 3.4 所示。

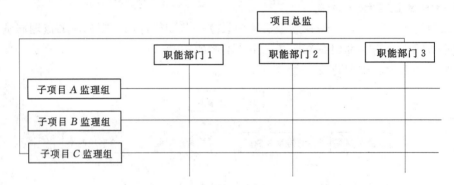

图 3.4　矩阵制监理组织形式示意图

这种形式的优点是加强了各职能部门的横向联系，具有较大的机动性和适应性，把上下左右集权与分权实行最优的结合，有利于解决复杂难题，有利于监理人员业务能力的培养；缺点是纵横向协调工作量大，处理不当会造成扯皮现象，产生矛盾。

3.1.2.2　建立项目监理机构的步骤

监理单位在组建监理机构时，一般按以下步骤进行。

1. 确定监理机构目标

建设工程监理目标是项目监理机构建立的前提，监理机构的建立应根据委托监理合同中确定的监理目标，制定总目标并明确划分监理机构的分解目标。

2. 确定监理工作内容

根据监理目标和委托监理合同中规定的监理任务，明确列出监理工作内容，并进行分类归并及组合。监理工作的归并及组合应便于监理目标控制，并综合考虑监理工程的组织管理模式、工程结构特点、合同工期要求、工程复杂程度、工程管理及技术特点；还应考虑监理单位自身组织管理水平、监理人员数量、技术业务特点等。

如果建设工程实施阶段全过程监理，监理工作划分可按设计阶段和施工阶段分别归并和组合，如图 3.5 所示。

3. 项目监理机构的组织结构设计

（1）选择组织结构形式。由于建设工程规模、性质、建设阶段等的不同，设计项目监

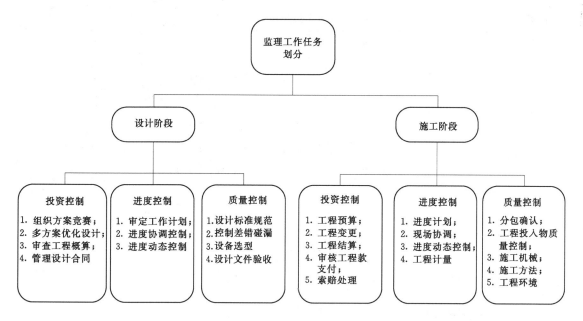

图 3.5 实施阶段监理工作划分

理机构的组织结构时应选择适宜的组织结构形式以适应监理工作的需要。组织结构形式选择的基本原则是有利于工程合同管理、有利于监理目标控制、有利于决策指挥、有利于信息沟通。

（2）合理确定管理层次与管理跨度。项目监理机构中一般应有以下三个层次：

1）决策层。由总监理工程师及其助手组成，主要根据建设工程委托监理合同的要求和监理活动内容进行科学化、程序化决策与管理。

2）中间控制层（协调层和执行层）。由各专业监理工程师组成，具体负责监理规划的落实，监理目标控制及合同实施的管理。

3）作业层（操作层）。主要由监理员、检查员等组成，具体负责监理活动的操作实施。

项目监理机构中管理跨度的确定应考虑监理人员的素质、管理活动的复杂性和相似性、监理业务的标准化程度、各项规章制度的建立健全情况、建设工程的集中或分散情况等，按监理工作实际需要确定。

（3）项目监理机构部门划分。项目监理机构中合理划分各职能部门，应依据监理机构目标、监理机构可利用的人力和物力资源以及合同结构情况，将投资控制、进度控制、质量控制、合同管理、组织协调等监理工作内容按不同的职能活动形成相应的管理部门。

（4）制定岗位职责及考核标准。岗位职务及职责的确定，要有明确的目的性，不可因人设岗。根据责权一致的原则，应进行适当的授权，以承担相应的职责，并应确定考核标准，对监理人员的工作进行定期考核，包括考核内容、考核标准及考核时间。表 3.1 和表 3.2 分别为项目总监理工程师和专业监理工程师岗位职责考核标准。

表 3.1　　　　　　　　　　　　项目总监理工程师岗位职责标准

项目	职 责 内 容	考 核 要 求	
		标　　准	时　　间
工作目标	1. 投资控制	符合投资控制计划目标	每月（季）末
	2. 进度控制	符合合同工期及总进度控制计划目标	每月（季）末
	3. 质量控制	符合质量控制计划目标	工程各阶段末
	4. 安全控制	符合安全控制计划目标	全阶段
基本职责	1. 根据监理合同，建立和有效管理项目监理机构	1. 监理组织机构科学合理； 2. 监理机构有效运行	每月（季）末
	2. 主持编写与组织实施监理规划，审核监理实施细则	1. 对工程监理工作系统策划； 2. 监理实施细则符合监理规划要求，具有可操作性	编写和审核完成后
	3. 审查分包单位资质	符合合同要求	一周内
	4. 监督和指导专业监理工程师对投资、进度、质量、安全进行监理，审核、签发有关文件资料，处理有关事项	1. 监理工作处于正常工作状态； 2. 工程处于受控状态	每月（季）末
	5. 做好监理过程中有关各方的协调工作	工程处于受控状态	每月（季）末
	6. 主持整理建设工程的监理资料	及时、准确、完整	按合同约定

表 3.2　　　　　　　　　　　　专业监理工程师岗位职责标准

项目	职 责 内 容	考 核 要 求	
		标　　准	时　　间
工作目标	1. 投资控制	符合投资控制分解目标	每周（月）末
	2. 进度控制	符合合同工期及总进度控制分解目标	工程各阶段
	3. 质量控制	符合质量控制分解目标	实施前一个月
	4. 安全控制	符合安全监理控制目标	工程全过程
基本职责	1. 熟悉工程情况，制定本专业监理工作计划和监理实施细则	反映专业特点，具有可操作性	每周（月）末
	2. 具体负责本专业的监理工作	1. 工程监理工作有序； 2. 工程处于受控状态	每周（月）末
	3. 做好监理机构内各部门之间的监理任务的衔接、配合工作	监理工作各负其责，相互配合	每周（月）末
	4. 处理与本专业有关的问题，对投资、进度、质量、安全有重大影响的监理问题应及时报告总监	1. 工程处于受控状态； 2. 及时、真实	每周（月）末
	5. 负责与本专业有关的签证、通知、备忘录，及时向总监理工程师提交报告、报表资料等	及时、真实、准确	每周（月）末
	6. 管理本专业建设工程的监理资料	及时、准确、完整	每周（月）末

（5）选派监理人员。根据监理工作的任务，选择适当的监理人员，包括总监理工程师、专业监理工程师和监理员，必要时可配备总监理工程师代表。监理人员的选择除应考虑个人素质外，还应考虑人员总体构成的合理性与协调性。

《建设工程监理规范》规定，项目总监理工程师应由具有3年以上同类工程监理工作经验的人员担任；总监理工程师代表应由具有2年以上同类工程监理工作经验的人员担任；专业监理工程师应由具有1年以上同类工程监理工作经验的人员担任，并且项目监理机构的监理人员应专业配套、数量满足建设工程监理工作的需要。

4. 制定工作流程和信息流程

为使监理工作科学、有序地进行，应按监理工作的客观规律制定工作流程和信息流程，规范化地开展监理工作，图3.6为施工阶段监理工作流程。

3.1.2.3 项目监理机构的人员配备

项目监理机构的人员配备要根据监理的任务范围、内容、期限、工程规模、技术的复杂程度等因素综合考虑，形成整体素质高的监理组织，以满足监理目标控制的要求。项目监理机构的人员包括项目总监理工程师、专业监理工程师、监理员（含试验员）及必要的行政文秘人员。在组建时必须注意人员合理的专业结构、职称结构。

1. 项目监理机构的人员结构

（1）合理的专业结构。项目监理组织应当由与监理项目性质以及业主对项目监理的要求相适应的各专业人员组成，也就是说各专业人员要配套。

项目监理机构中一般要有与监理任务相适应的专业技术人员，如一般的民用建筑工程监理要有土建、电气、测量、设备安装、装饰、建材等专业人员。如果监理工程有某些特殊性，或业主要求采用某些特殊的监控手段，或监理项目工程技术特别复杂而监理企业又没有某专业的人员时，监理机构可以采取一些措施来满足对专业人员的要求。比如，在征得业主同意的前提下，可将这部分工程委托给有相应资质的监理机构来承担，或可以临时高薪聘请某些稀缺专业的人员来满足监理工作的要求，以此保证专业人员结构的合理性。

（2）合理的职称结构。合理的职称结构是指监理机构中各专业的监理人员应具有的与监理工作要求相适应的高、中、初级职称比例。监理工作是高智能的技术性服务，应根据监理的具体要求来确定职称结构。如在决策、设计阶段，就应以高、中级职称人员为主，基本不用初级职称人员；在施工阶段，监理专业人员就应以中级职称人员为主，高、初级职称人员为辅。合理的职称结构还包含另一层意思，就是合理的年龄结构，这两者实质上是一致的。在我国，职称的评定有比较严格的年限规定，获高级职称者一般年龄较大，中级职称多为中年人，初级职称者较年轻。老年人有丰富的经验和阅历，可是身体不好，高空和夜间作业受到限制，而年轻人虽然有精力，但是没有经验，所以，在不同阶段的监理工作中，这不同年龄阶段的专业人员要合理搭配，以发挥他们的长处。

2. 项目监理机构监理人员数量的确定

监理人员数量要根据监理工程的规模、技术复杂程度、监理人员的素质等因素来确定。实践中，一般要考虑以下因素：

（1）工程建设强度。工程建设强度是指单位时间内投入的工程建设资金数量，用公式表示为：工程建设强度＝投资/工期。其中，投资和工期是指由监理单位所承担的那部分

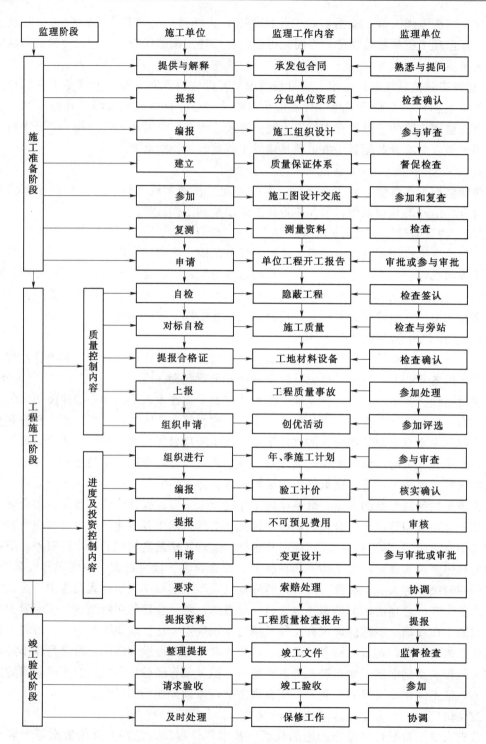

图 3.6　施工阶段监理工作程序图

工程的投资和工期。工程建设强度可用来衡量一项工程的紧张程度，显然，工程建设强度越大，所需要投入的监理人员就越多。

（2）建设工程的复杂程度。每个工程项目都有特定的地点、气候条件、工程地质条件、施工方法、工程性质、工期要求、材料供应条件等。根据不同情况，可将工程按复杂程度等级划分为简单、一般、一般复杂、复杂和很复杂五级。定级可以用定量方法，对影响因素进行专家评估，考虑权重系数后计算其累加均值。工程项目由简单到很复杂，所需要的监理人员相应的由少到多。每完成 100 万美元所需监理人员可参考表 3.3。

表 3.3　　　　　　　　　　　　　　监理人员需要量定额　　　　　　　　单位：人·年/百万美元

工程复杂程度	监 理 工 程 师	监 理 员	行政、文秘人员
简单工程	0.20	0.75	0.10
一般工程	0.25	1.00	0.10
一般复杂工程	0.35	1.10	0.25
复杂工程	0.50	1.50	0.35
很复杂工程	>0.50	>1.50	>0.35

（3）监理单位的业务水平和监理人员的业务素质。每个监理单位的业务水平和对某类工程的熟悉程度不完全相同，同时，每个监理人员的专业能力、管理水平、工作经验等方面都有差异，所以在监理人员素质和监理的设备手段等方面也存在差异，这都会直接影响到监理效率的高低。水平的和拥有高素质的监理人员的监理单位可以投入较少的监理人力，而一个经验不多或管理水平不高的监理单位则需投入较多的监理人力。因此，各监理单位应当根据自己的实际情况确定监理人员需要量。

（4）监理机构的组织结构和任务职能分工。项目监理机构的组织结构形式关系到具体的监理人员的需求量，人员配备必须能满足项目监理机构任务职能分工的要求。必要时，可对人员进行调配。如果监理工作需要委托专业咨询机构或专业监测、检验机构进行，则项目监理机构的监理人员数量可以考虑适当减少。

【例 3.1】　某工程合同总价为 4000 万美元，工期为 35 个月，经专家对构成工程复杂程度的因素进行评估，工程为一般复杂工程等级。试求：各类监理人员数量。

解：

$$工程建设强度 = 4000 \div (35 \div 12) = 13.7（百万美元/年）$$

由表 3.3 可知，相应监理机构所需监理人员为（人·年/百万美元）：监理工程师 0.35；监理员 1.10；行政文秘人员 0.25。

各类监理人员数量为

监理工程师数量为 $0.35 \times 13.7 = 4.8$，取 5 人。

监理员数量为 $1.10 \times 13.7 = 15.1$，取 16 人。

行政文秘人员数量为 $0.25 \times 13.7 = 3.4$，取 4 人。

以上人员数量为估算，实际工作中，可以此为基础，根据监理机构设置和工程项目的具体情况加以调整。

3.1.3　建筑工程监理模式与实施程序
3.1.3.1　建设工程监理模式

建设工程监理模式的选择与建设工程组织管理模式密切相关，监理模式对建设工程的规划、控制、协调起着重要作用。

1. 平行承发包模式条件下的监理模式

与建设工程平行承发包模式相适应的监理模式有以下两种主要形式：

（1）业主委托一家监理单位监理。这种监理委托模式是指业主只委托一家监理单位为其进行监理服务。这种模式要求被委托的监理单位应该具有较强的合同管理与组织协调能力，并能做好全面规划工作。监理单位的项目监理机构可以组建多个监理分支机构对各承建单位分别实施监理。在具体的监理过程中，项目总监理工程师应重点做好总体协调工作，加强横向联系，保证建设工程监理工作的有效运行。

（2）业主委托多家监理单位监理。这种监理委托模式是指业主委托多家监理单位为其进行监理服务。采用这种模式时，业主分别委托几家监理单位针对不同的承建单位实施监理。由于业主分别与多个监理单位签订委托监理合同，所以各监理单位之间的相互协作与配合需要业主进行协调。采用这种模式，监理单位对象相对单一，便于管理。但建设工程监理工作被肢解，各监理单位各负其责，缺少一个对建设工程进行总体规划与协调控制的监理单位。

2. 设计或施工总分包模式条件下的监理模式

对设计或施工总分包模式，业主可以委托一家监理单位实施阶段全过程的监理，也可以分别按照设计阶段和施工阶段委托监理单位。前者的优点是监理单位可以对设计阶段和施工阶段的工程投资、进度、质量控制统筹考虑，合理进行总体规划协调，更可使监理工程师掌握设计思路与设计意图，有利于施工阶段的监理工作。

虽然总包单位对承包合同承担乙方的最终责任，但分包单位的资质、能力直接影响着工程质量、进度等目标的实现，所以，监理工程师必须做好对分包单位资质的审查、确认工作。

3. 项目总承包模式条件下的监理模式

在项目总承包模式下，一般宜委托一家监理单位进行监理。在这种模式下，监理工程师需具备较全面的知识，才能做好合同管理工作。

4. 项目总承包管理模式条件下的监理模式

在项目总承包管理模式下，一般宜委托一家监理单位进行监理，这样便于监理工程师对项目总承包合同和项目总承包单位的分包活动进行监理。

3.1.3.2 建设工程监理实施程序

1. 确定项目总监理工程师与成立项目监理机构

监理单位应根据建设工程的规模、性质、业主对监理的要求，委派称职的人员担任项目总监理工程师，代表监理单位全面负责该工程的监理工作。

一般情况下，监理单位在承接工程监理任务时，在参与工程监理的投标、拟定监理方案（大纲）以及与业主商签委托监理合同时，即应选派称职的人员主持该项工作。在监理任务确定并签订委托监理合同后，该主持人即可作为项目总监理工程师。这样，项目的总监理工程师在承接任务阶段便早已介入，从而更能了解业主的建设意图和对监理工作的要求，并与后续工作能更好地衔接。总监理工程师是一个建设工程监理工作的总负责人，他对内向监理单位负责，对外向业主负责。

2．编制建设工程监理规划

建设工程监理规划是开展工程监理活动的纲领性文件。

3．制定各专业监理实施细则

在监理规划的指导下，为具体指导投资控制、质量控制、进度控制工作的开展，还需结合建设工程实际情况，制定相应的实施细则。

4．规范化地开展监理工作

（1）工作的时序性。这是指监理的各项工作都应按一定的逻辑顺序先后展开，从而使监理工作能有效地达到目标而不致造成工作状态的无序和混乱。

（2）职责分工的严密性。建设工程监理工作是由不同专业、不同层次的专家群体共同完成的，他们之间严密的职责分工是协调监理工作的前提和实现监理目标的重要保证。

（3）工作目标的确定性。在职责分工的基础上，每一项监理工作的具体目标都应是确定的，完成的时间也应有时限规定，从而能通过报表资料对监理工作及其效果进行检查和考核。

5．参与验收与签署建设工程监理意见

建设工程施工完成以后，监理单位应在正式验交前组织竣工预验收，在预验收中发现的问题，应及时与施工单位沟通，提出整改要求。监理单位应参加业主组织的工程竣工验收，签署监理单位意见。

6．向业主提交建设工程监理档案资料

建设工程监理工作完成后，监理单位向业主提交的监理档案资料应在委托监理合同文件中约定。如在合同中没有作出明确规定时，监理单位一般应提交设计变更、工程变更资料、监理指令性文件、各种签证资料等档案资料。

7．监理工作总结

监理工作完成后，项目监理机构应及时从以下两方面进行监理工作总结。

（1）向业主提交的监理工作总结。其主要内容包括：委托监理合同履行情况概述，监理组织机构、监理人员和投入的监理设施，监理任务或监理目标完成情况的评价，工程施工过程中的存在的问题和处理情况，由业主提供的供监理活动使用的办公用房、车辆、试验设施等的清单，必要的工程图片，表明监理工作终结的说明等。

（2）给监理单位提交的监理工作总结。其主要内容包括：

1）监理工作的经验，可以是采用某种监理技术、方法的经验，也可以是采用某种经济措施、组织措施的经验，以及委托监理合同执行方面的经验或如何处理好与业主、承包单位关系的经验等。

2）监理工作中存在的问题及改进的建议。

3.1.3.3　建设工程监理实施原则

监理单位受业主委托对建设工程实施监理时，应遵守以下基本原则。

1．公正、独立、自主的原则

监理工程师在建设工程监理中必须尊重科学、尊重事实，组织各方协同配合，维护有关各方的合法权益。为此，必须坚持公正、独立、自主的原则。业主与承建单位虽然都是独立运行的经济主体，但他们追求的经济目标有差异，监理工程师应在合同约定的权、责、利关系的基础上，协调双方的一致性。只有按合同的约定建成工程，业主才能实现投资的目的，承建单位也才能实现自己生产的产品的价值，取得工程款和实现盈利。

2. 权责一致的原则

监理工程师承担的职责应与业主授予的权限相一致。监理工程师的监理职权依赖于业主的授权。这种权力的授予，除体现在业主与监理单位之间签订的委托监理合同之中，而且还应作为业主与承建单位之间建设工程合同的合同条件。因此，监理工程师在明确业主提出的监理目标和监理工作内容要求后，应与业主协商，明确相应的授权，达成共识后，明确反映在委托监理合同中及建设工程合同中。据此，监理工程师才能开展监理活动。

总监理工程师代表监理单位全面履行建设工程委托的监理合同，承担合同中确定的监理方向业主方所承担的义务和责任。因此，在委托监理合同实施中，监理单位应给总监理工程师充分授权，体现权责一致的原则。

3. 总监理工程师负责制的原则

总监理工程师是工程监理全部工作的负责人。要建立和健全总监理工程师负责制，就要明确权、责、利关系，健全项目监理机构，具有科学的运行制度和现代化的管理手段，形成以总监理工程师为首的高效能的决策指挥体系。

总监理工程师负责制的内涵包括：

(1) 总监理工程师是工程监理的责任主体。责任是总监理工程师负责制的核心，它构成了对总监理工程师的工作压力与动力，也是确定总监理工程师权力和利益的依据。因此，总监理工程师应是向业主和监理单位所负责任的承担者。

(2) 总监理工程师是工程监理的权力主体。根据总监理工程师承担责任的要求，总监理工程师全面领导建设工程的监理工作，包括组建项目监理机构，主持编制建设工程监理规划，组织实施监理活动，对监理工作总结、监督、评价。

4. 严格监理、热情服务的原则

严格监理，就是各级监理人员严格按照国家政策、法规、规范、标准和合同控制建设工程的目标，依照既定的程序和制度，认真履行职责，对承建单位进行严格监理。

监理工程师还应为业主提供热情的服务，"应运用合理的技能，谨慎而勤奋地工作"。由于业主一般不熟悉建设工程管理与技术业务，监理工程师应按照委托监理合同的要求多方位、多层次地为业主提供良好的服务，维护业主的正当权益。但是，不能因此而一味向各承建单位转嫁风险，从而损害承建单位的正当经济利益。

5. 综合效益的原则

建设工程监理活动既要考虑业主的经济效益，也必须考虑与社会效益和环境效益的有机统一。建设工程监理活动虽经业主的委托和授权才得以进行，但监理工程师应首先严格遵守国家的建设管理法律、法规、标准等，以高度负责的态度和责任感，既对业主负责，谋求最大的经济效益，又要对国家和社会负责，取得最佳的综合效益。只有在符合宏观经济效益、社会效益和环境效益的条件下，业主投资项目的微观经济效益才能得以实现。

3.2 监理大纲和监理规划

3.2.1 工程建设监理大纲和监理规划的作用

3.2.1.1 监理大纲的作用

监理大纲的编制是为了让业主了解自己的监理公司，进而使自己的公司被业主选中，为业主的项目建设服务。监理大纲的编制人员应当是监理单位经营部门或技术管理部门人员，也应包括拟定的总监理工程师。总监理工程师参与编制监理大纲有利于监理规划的编制和监理工作的实施。

监理大纲主要有以下两个方面的作用：一是使业主认可监理大纲中的监理方案，从而承揽到监理业务；二是为项目监理机构今后开展监理工作制订基本的方案。监理大纲的内容应当根据业主所发布的监理招标文件的要求而制定。主要包括：

1）拟派往项目监理机构的监理人员资质情况介绍。

2）拟采用的监理方案（监理组织方案、各目标控制方案、合同管理方案、组织协调方案等）。

3）将提供给业主的监理阶段性文件。

3.2.1.2 监理规划的作用

监理规划是在总监理工程师的主持下编制，经监理单位技术负责人批准，用来指导项目监理机构全面开展监理工作的指导性文件，可以使监理工作规范化，标准化，其作用如下。

（1）指导监理单位的项目监理组织全面开展监理工作。工程建设监理的中心任务是协助建设单位实现项目总目标，实施目标控制，而监理规划是实施控制的前提和依据。项目监理规划就是对项目监理机构开展的各项监理工作做出全面、系统的组织与安排。

监理规划要真正能够起到指导项目监理机构进行该项目监理工作的作用，监理规划中应有明确具体的、符合项目要求的工作内容、工作方法、监理措施、工作程序和工作制度。监理规划应当明确规定，项目监理组织在工程监理实施过程中，应当做哪些工作？由谁来做这些工作？在什么时间和什么地点做这些工作？以及如何做好这些工作？监理规划是项目监理组织实施监理活动的行动纲领，项目监理组织只有依据监理规划，才能做到全面的、有序的、规范的开展监理工作。

（2）监理规划是工程建设监理主管机构对监理实施监督管理的重要依据。工程建设监理主管机构对社会上的所有监理单位以及监理活动都要实施监督、管理和指导，这些监督管理工作主要包括两个方面：一是一般性的资质管理，即对监理单位的管理水平、人员素质、专业配套和监理业绩等进行核查和考评，以确认它的资质和资质等级；二是通过监理单位的实际监理工作来认定它的水平，而监理单位的实际水平可从监理规划和它的实施中充分地表现出来。因此，工程建设监理主管机构对监理单位进行考核时应当充分重视对监理规划及其实施情况的检查。

（3）监理规划是业主确认监理单位是否全面、认真履行工程建设监理委托合同的主要依据。作为监理的委托方，业主需要而且有权对监理单位履行工程建设监理合同的情况进行了解、确认和监督。监理规划是业主确认监理单位是否全面履行监理合同的主要说明性文件，监理规划应当全面地体现监理单位如何落实业主所委托的各项监理工作，是业主了解、确认和监督监理单位履行监理合同的重要资料。

（4）监理规划是监理单位重要的存档资料。监理规划的基本作用是指导项目监理组织全面开展监理工作，它的内容随着工程的进展而逐步调整、补充和完善，它在一定程度上真实反映了项目监理的全貌，是监理过程的综合性记录。因此，它是每一家监理单位的重要存档资料。

3.2.1.3　监理大纲、监理规划和监理实施细则的关系和区别

1. 关于监理规划系列性文件

监理规划系列性文件由监理大纲、监理规划、监理实施细则组成，它们之间相互关联，存在着明显的依据性关系。

（1）监理大纲。监理大纲又称监理方案，它是监理单位在业主开始委托监理的过程中，特别是在业主进行监理招标过程中，为了获得监理业务而编写的监理方案性文件，也是监理投标文件的重要组成部分。

中标后的监理大纲是工程建设监理合同的一部分，也是工程建设监理规划编制的直接依据。

（2）监理规划。监理规划是监理单位在接受建设单位委托，并签订委托监理合同及收到设计文件后，由总监理工程师负责，根据监理合同，在监理大纲的基础上，结合工程的具体情况，广泛收集工程信息和资料，在项目监理机构充分分析和研究工程项目的目标、技术、管理、环境以及参与工程建设各方等方面的情况后制订的指导工程项目监理工作的实施方案，是指导项目监理组织开展监理工作的指导性文件。

（3）监理实施细则。监理实施细则是在监理规划指导下，在落实了各专业监理的责任后，由专业监理工程师编写，并经总监理工程师批准，针对工程项目中某一专业或某一方面监理工作的操作性文件，它起着具体指导监理实务作业的作用。

2. 监理大纲、监理规划和监理实施细则的关系和区别

监理大纲、监理规划和监理实施细则都是监理单位为某一个工程而在不同阶段编制的监理文件，它们是密切联系的，但同时又有区别。简要叙述如下：

监理规划是指导监理机构开展具体监理工作的指导性文件，一定要严格根据监理大纲的有关内容来编写；而监理细则是操作性文件，一定要依据监理规划来编制。也就是说从监理大纲到监理规划再到监理实施细则，是逐步细化的。

三者之间的区别主要是：监理大纲是在投标阶段根据招标文件编制，目的是承揽工程。监理规划是在签订监理委托合同后，在项目总监理工程师的主持下编制，是针对具体的工程指导监理工作的指导性文件，目的在于指导监理机构开展监理工作。监理实施细则是在监理规划编制完成后由专业监理工程师针对具体专业的监理工作编制的操作性文件，目的在于指导具体监理业务的开展。

3.2.2　监理规划的基本内容

3.2.2.1　工程建设监理规划编写依据

1. 建设工程的相关法律、法规

1）中央、地方和部门政策、法律、法规。

2）工程所在地的法律、法规、规定及有关政策等。

3）工程建设的各种规范、标准。

2. **政府批准的工程建设文件**

1）可行性研究报告、立项批文。

2）规划部门确定的规划条件、土地使用条件、环境保护要求、市政管理规定等。

3. **工程建设监理合同**

1）监理单位和监理工程师的权利和义务。

2）监理工作范围和内容。

3）有关监理规划方面的要求。

4. **其他工程建设合同**

1）项目法人的权利和义务。

2）工程承包人的权利和义务。

5. **项目监理大纲**

1）项目监理组织计划。

2）拟投入的主要监理人员。

3）投资、进度、质量控制方案。

4）合同管理方案。

5）信息管理方案。

6）安全管理方案。

7）定期提交给业主的监理工作阶段性成果。

3.2.2.2　监理规划编写要求

（1）监理规划的基本内容构成应当力求统一。监理规划是指导监理组织全面开展监理工作的指导性文件，它在总体内容组成上要力求做到统一。

监理规划的基本内容一般应由以下内容组成：工程项目概况、监理工作范围、监理工作内容、监理工作目标、监理工作依据、项目监理机构的组织形式、项目监理机构的人员配备计划、项目监理机构的人员岗位职责、监理工作程序、监理工作方法及措施、监理工作制度、监理设施。

（2）监理规划的内容应具有针对性。监理规划具体内容具有针对性，是监理规划能够有效实施的重要前提。监理规划是用来指导一个特定的项目组织在一个特定的工程项目上的监理工作，它的具体内容要适合于这个特定的监理组织和特定的工程项目，而每个工程项目都不相同，具有单件性和一次性的特点。针对某项工程建设监理活动，有它自己的投资、进度、质量控制目标，有它的项目组织形式和相应的监理组织机构，有它自己的信息管理制度和合同管理措施，有它自己独特的目标控制措施、方法和手段。因此监理规划只有具有针对性，才能真正起到指导监理工作的作用。

（3）监理规划的表达方式应当标准化、格式化。监理规划的内容表达应当明确、简洁、直观。比较而言，图、表和简单的文字说明应当是采用的基本方式。编写监理规划各项内容时应当采用什么表格、图示，以及哪些内容要采用简单的文字说明应当作出一般规定，以满足监理规划格式化、标准化的要求。

（4）监理规划编写的主持人和决策者应是项目总监理工程师。监理规划在总监理工程师主持下编写制定，是工程建设监理实行项目总监理工程师负责制的要求。总监理工程师是项目监理的负责人，在他主持下编制监理规划，有利于贯彻监理方案。同时，总监理工程师主持编制监理规划，有利于他熟悉监理活动，并使监理工作系统化，有利于监理规划的有效实施。

（5）监理规划应分阶段编写、不断补充、修改和完善。没有规划信息就没有规划内容。因此，整个监理规划的编写需要有一个过程，我们可以将编写的整个过程划分为若干个阶段，编写阶段可按工程实施的各阶段来划分。监理规划是针对一个具体工程项目来编写的，项目的动态性决定了监理规划的形成过程也有较强的动态性。这就需要对监理规划进行相应的补充、修改和完善，最后形成一个完整的规划，使工程建设监理工作能够始终在监理规划的有效指导下进行。

（6）监理规划的审核。监理规划在编写完成后需要进行审核并批准。监理单位的技术主管部门是内部审核单位，其负责人应当签字认可。监理规划是否要经过业主的认可，由委托监理合同或双方协商确定。

3.2.2.3　工程建设监理规划的内容

监理规划应包括以下主要内容。

1．工程项目概况

1）工程项目名称。

2）工程项目建设地点。

3）工程规模。

4）工程投资额。

5）建设目的。

6）建设单位。

7）设计单位。

8）施工单位。

9）工程质量要求。

2．监理工作范围

工程项目监理范围是指监理单位所承担的工程项目建设监理的范围。如果监理单位承担全部工程项目的工程建设监理任务，监理范围为全部工程，否则应按照监理单位所承担的范围确定工程项目监理范围。

3．监理工作内容

1）可行性研究及设计阶段监理。

2）施工招标阶段监理。

3）工程材料、构件及设备质量监理。

4）施工阶段监理：质量控制、进度控制、投资控制、合同管理、安全管理。

5）其他委托服务。按业主委托，承担以下技术服务：协助业主办理项目报建手续；协助业主办理项目申请供水、供电、供气、电信线路等协议或批文；协助业主制定商品房营销方案等。

4．监理工作目标

建设工程监理目标是指监理单位所承担的建设工程的监理控制预期达到的目标。通常以建设工程的投资、进度、质量三大目标的控制值来表示。

5．监理工作依据

1）国家和地方有关工程建设的法律、法规。

2）国家和地方有关工程建设的技术标准、规范和规程。

3）经有关部门批准的工程项目文件和设计文件。

4）建设单位和监理单位签订的工程建设监理合同。

5）建设单位与承包单位签订的建设工程施工合同。

6．项目监理机构的组织形式

项目监理机构的组织形式应根据建设工程监理合同规定的内容、工程类别、规模、工程环境等确定。项目监理机构可用组织结构图表示。

7．项目监理机构的人员配备计划

项目监理机构的人员配备应根据建设工程监理的进程合理安排。

8．项目监理机构的人员岗位职责

1）项目监理组织职能部门的职责分工。

2）各类监理人员的职责分工。

9．监理工作程序

监理工程程序比较简单明了的表达方式是监理工作流程图。

10．监理工作方法及措施

1）工程质量管理方法。

2）工程质量控制的措施：旁站监理、工程检测、质量监理控制。

3）控制工作方法与措施：事前控制、事中控制、事后控制。

4）投资控制。

5）进度控制。

6）合同管理监理工作方法与措施。

7）信息管理监理工作方法与措施。

8）监理资料。

9）现场协调管理监理工作方法与措施：监理单位与各方关系、对承包方的协调管理手段。

10）安全文明施工的监理方法与措施：施工现场安全监理的内容、安全监理责任的风险分析、安全监理的工作流程和措施。

11．监理工作制度

1）设计文件、图纸审查制度。

2）技术交底制度。

3）开工报告制度。

4）材料、构件检验及复检制度。

5）变更设计制度。

6）隐蔽工程检查制度。

7）工程质量监督制度。

8）工程质量检验制度。

9）工程质量事故处理制度。

10）施工进度监督及报告制度。

11）投资监督制度。

12）监理报告制度。

13）工程竣工验收制度。

14）监理日志和会议制度。

12. 监理设施

业主提供满足监理工作需要的如下设施：

1）办公设施。

2）交通设施。

3）通信设施。

4）生活设施。

3.3　建筑工程监理的组织协调

3.3.1　组织协调的概念

所谓协调，就是以一定的组织形式、手段和方法，对项目中产生的不畅关系进行疏通，对产生的干扰和障碍予以排除的活动。项目的协调其实就是一种沟通，沟通确保能够及时和适当地对项目信息进行收集、分发、储存和处理，并对可预见问题进行必要的控制，以利于项目目标的实现。

项目系统是一个由人员、物质、信息等构成的人为组织系统，是由若干相互联系而又相互制约的要素有组织、有秩序地组成的具体特定功能和目标的统一体。项目的协调关系一般可以分为三大类：一是"人员/人员界面"；二是"系统/系统界面"；三是"系统/环境界面"。

1. 人员/人员界面

项目组织是人的组织，是由各类人员组成的。人的差别是客观存在的，由于每个人的经历、心理、性格、习惯、能力、任务、作用的不同，在一起工作时，必定存在潜在的人员矛盾或危机。这种人和人之间的间隔，就是所谓的"人员/人员界面"。

2. 系统/系统界面

如果把项目系统看作是一个大系统，则可以认为它实际上是由若干个子系统组成的一个完整体系。各个子系统的功能不同，目标不同，内部工作人员的利益不同，容易产生各自为政的趋势和相互推托的现象。这种子系统和子系统之间的间隔，就是所谓的"系统/系统界面"。

3. 系统/环境界面

项目系统在运作过程中，必须和周围的环境相适应，所以项目系统必然是一个开放的系统。它能主动地向外部世界取得必要的能量、物质和信息。在这个过程中，存在许多障碍和阻力。这种系统与环境之间的间隔，就是所谓的"系统/环境界面"。

工程项目建设协调管理就是在"人员/人员界面"、"系统/系统界面"、"系统/环境界面"之间，对所有的活动及力量进行联结、联合、调和的工作。

3.3.2　项目监理机构组织协调的工作内容

从系统方法的角度看，协调又可分为系统内部关系的组织协调（项目经理部内部、监理部与所属监理企业之间的各种关系）和对系统外部的协调。从监理组织与外部联系角度看，项目外部协调管理可分为近外层协调和远外层协调两个层次。通常两个层次的主要区别是，项目监理组织与近外层关联单位一般有合同关系，包括直接的或间接的合同关系，如与业主、设计单位、施工单位等的合同关系；和远外层关联单位一般没有合同关系，但却受法律、法规与社会公德等的约束，如与地方政府的各有关部门、项目周边居民社区组织、环保、交通、环卫、绿化、文物、消防、公安等单位的关系。

3.3.2.1　内部关系的组织协调

1. 项目监理机构内部人际关系的协调

项目监理机构工作效率很大程度上取决于人际关系的协调程度，总监理工程师应首先抓好人际关系的协调，激励项目监理机构成员。为此应注意以下几方面要求。

1）在工作委任上要职责分明。对项目监理机构内的每一个岗位，都应订立明确的目标和岗位责任制，应通过职能清理，使管理职能不重不漏，做到人人有责，同时明确岗位权限。对项目监理机构各种人员，还要根据每个人的专长进行安排，做到人尽其才。

2）在成绩评价上要求实事求是。

3）在矛盾调解上要恰到好处。人员之间一旦出现矛盾就应进行调解，调解要恰到好处。工作上的矛盾和冲突一般是监理内部机制运行中所呈现问题的具体化表现，所以在做好协调工作外，还要仔细研究问题，通过改革原运行机制，使监理工作更趋完善。

4）总监理工程师还应该关怀监理人员的培训和教育，不断地提高他们的业务能力和思想水平。在工作安排上要职责分明，对其在工作中取得的成绩要予以肯定，对其工作中的差错要实事求是地调查了解，予以指出并帮助其改正。

2. 项目监理机构内部组织关系的协调

项目监理机构是由若干个部门（专业组）组成的工作体系。每个专业组都有自己的目标和任务。如果每个子系统都从建设工程的整体利益出发，理解和履行自己的职责，则整个系统就会处于有序的良性状态，否则整个系统便处于无序的不良状态，导致功能失调，效率下降。

总监理工程师还应做好项目监理机构内部各层次之间、各专业之间的组织协调工作，使项目监理工作和谐、有序、高效地进行。项目监理机构内部组织协调可从以下几方面进行。

1）在职能划分的基础上设置组织机构，根据工程对象及委托监理合同所规定的工作内容确定职能划分，并相应设置配套的组织机构，委派相应的人员。

2）明确规定各个部门的目标、职责和权限。

3）事先约定各个部门在工作中的相互配合关系。

4）建立信息沟通制度。

　　5）及时消除工作中的矛盾或冲突。

　　3. 项目监理机构与所属监理企业的组织协调

　　项目监理机构是监理企业派驻施工现场的执行机构，除应执行委托监理合同规定的权利、义务和责任外，还应与所属监理企业保持密切的联系，接受监理企业领导层的领导和各业务部门的业务指导，执行监理企业制定的质量方针、质量目标、各项质量管理文件以及各项规章制度，服从监理企业的调度，完成监理企业的企业计划，经常向监理企业汇报工作，及时反映工程项目监理工作中出现的情况，必要时可请监理企业最高领导人出面进行组织协调工作。

3.3.2.2　对近外层关系的组织协调

　　监理人员在建设监理中有其特殊的地位，表现为其受业主的委托，代表业主，对工程的质量有否决权，对工程验收和付款有签证权、认证权，对发生在建设过程中的各类经济纠纷和工种工序衔接有协调权等，这样自然而然地形成了监理人员在建设中的核心地位。但监理人员不能因为自己的特殊地位而以权压制设计单位、施工单位、供应单位的负责人员、工作人员，而是要以自己双向服务的实际行动，协调好与各有关单位的关系。监理协调的是矛盾，矛盾背后是利益的纠纷。在各种利益面前，监理人员应以国家利益为前提，严格依法监理，按照监理规范依照程序处理。不得以国家利益或业主的利益作为协调的代价，只有采取有理有据的公正协调，既维护国家利益，也不损害企业利益，才能真正协调好监理与被监理各方的关系。

　　1. 与业主的协调

　　监理目标的顺利实现和与业主协调好坏有很大的关系。监理工程师应从以下几个方面加强与业主的协调。

　　1）监理工程师首先要理解建设工程总目标，理解业主的意图。

　　2）利用工作之便做好监理宣传工作，增进业主对监理工作的理解，特别是对各方职责及监理程序的理解；主动帮助业主处理建设工程中的事务性工作，以自己规范化、标准化、制度化的工作去影响和促进双方工作的协调一致。

　　3）尊重业主，与业主一起投入建设工程全过程的管理。尽管有预定的控制目标，但建设工程实施必须执行业主的指令，使业主满意。对业主提出的某些不适当的要求，只要不属原则问题，都可先执行，然后利用适当时机，采取适当方式加以说明或解释；对于原则性问题，可采取书面报告等方式说明原委，尽量避免发生误解，以使工程顺利实施。

　　2. 与承包商的协调

　　监理工程师对质量、进度和投资的控制都是通过承包商的工作来实现的，所以做好与承包商的协调工作是监理工程师组织协调工作的重要内容。监理人员要严格按照监理规范，依照监理合同对工程项目实施监理，一般应考虑以下几个方面。

　　1）坚持原则，实事求是，严格按规范、规程办事，讲究科学态度。

　　2）不仅要考虑协调的方法和协调的技术，还要注意协调过程中的语言艺术、感情交流和用权适度。

　　3）协调的形式可采用口头交流、会议通告、监理书面通知等。

4）树立"监帮结合、寓监于帮"的观念。

3．与设计单位的协调

随着监理制的推广和延伸，业主往往会委托监理企业或同监理企业共同参与与设计单位的协调。监理企业必须做好与设计单位的协调工作，以加快工程进度，确保质量，降低消耗。协调设计单位的工作应考虑以下几个方面。

1）尊重设计单位的意见。

2）施工中发现设计问题，应及时向设计单位提出，以免造成大的经济损失。

应注意，监理企业和设计单位都是受业主委托进行工作，两者之间并没有合同关系，所以监理企业主要是和设计单位做好交流工作，协调要靠业主的支持。设计单位应就其设计质量对业主负责，因此《建筑法》指出：工程监理人员发现工程设计不符合建筑工程质量标准或合同约定的质量要求时，应当报告业主，由业主要求设计单位改正。

3.3.2.3 对远外层关系的组织协调

政府部门、金融组织、社会团体、新闻媒介等对建设工程起着一定的控制、监督、支持、帮助作用，若这些关系协调不好，建设工程的实施也可能受到限制。

1．与质监部门的协调

为了协调与质监部门的关系，监理工程师应与当地质监站主动取得联系，尊重支持质检站的质量监督工作，支持质监站对重大质量事故的处理意见和处罚意见。

2．与政府其他部门和社会团体的协调

主要包括与当地公安消防部门、政府有关部门、卫生环保部门、金融组织、新闻媒介和当地社区等的协调工作。

3.3.3 建设工程监理协调的方法

组织协调工作涉及面广，受主观和客观因素影响较大，要求监理工程师能够因地制宜、因时制宜处理问题。

1．会议协调法

会议协调法是建设工程监理中最常用的一种协调方法，实践中常用的会议协调法有第一次工地会议、监理例会、专业性监理会议等。

（1）第一次工地会议。第一次工地会议是建设工程尚未全面开展之前，为了使各方互相认识，确定联络方式的会议，也是检查开工前各项准备工作是否就绪并明确监理程序的会议。第一次工地会议应在项目总监理工程师下达开工令之前举行，会议由总监理工程师和业主联合主持召开，总承包单位授权代表参加，也可邀请分包单位参加，各方在工程项目中担任主要职务的负责人及高级人员也应参加，必要时还可邀请有关设计单位人员参加。

第一次工地会议是项目开展前的宣传通报会，总监理工程师阐述的要点有监理规划、监理程序、人员分工，及业主、承包商和监理企业各方的关系等。例如，介绍各方人员及组织机构；宣布承包商的进度计划；检查承包商的开工准备；检查业主负责的开工条件；监理工程师应根据进度安排提出建议和要求；明确监理工作的例行程序，并提出有关表格和说明；确定工地例会的时间、地点及程序；检查讨论其他与开工条件有关的事项等。

（2）监理工地例会。项目实施期间应定期举行工地例会，会议由总监理工程师主持，参加者有监理工程师代表及有关监理人员、承包商的授权代表及有关人员、业主或业主代表及有关人员。工地例会召开的时间根据工程进展情况安排，一般有周、旬、半月和月度例会等几种。工程监理中的许多信息和决定是在工地会议上产生和决定的，协调工作大部分也是在此进行。因此，开好工地例会是工程监理的一项重要工作。

工地例会主要是对进度、质量、投资的执行情况进行全面检查，交流信息，并提出对有关问题的处理意见，以及今后工作中应采取的措施。此外，还要讨论延期、索赔及其他事项。工地例会的具体议题一般有以下内容：

1）检查上次例会议定事项的落实情况，分析未完事项原因。

2）检查分析工程项目进度计划完成情况，提出下一阶段进度目标及其落实措施。

3）检查分析工程项目质量状况，针对存在的质量问题提出改进措施。

4）检查工程量核定及工程款支付情况。

5）解决需要协调的有关事项。

6）其他有关事宜。

实际工作中，提高监理工地例会效率和质量，不仅取决于工地监理的管理水平，也取决于业主和承包商的理解和支持。有效的工地监理会议可以激发与会人员的积极性，使现场监理工作走向良性循环，从而实现对工程施工进度、质量、费用和安全的有效控制。

（3）专题现场协调会。对于一些工程中的重大问题，以及不宜在工地例会上解决的问题，根据工程施工需要，可召开由相关人员参加的现场协调会，如设计文件、施工方案或施工组织设计的审核，材料供应、复杂技术问题的研讨，重大工程质量事故的分析和处理，对工程延期、费用索赔等进行协调，提出解决办法，并要求各方及时落实。

专题现场协调会议一般由总监理工程师提出，或承包商提出后由总监理工程师确定。参加专题会议的人员应根据会议的内容确定，除业主、承包商与监理方的有关人员外，还可以邀请设计人员与有关部门人员参加。由于专题会议研究的问题重大又较为复杂，因此会前应与有关单位一起做好充分的准备。有时为了使协调会达到更好的共识，避免在会议上形成冲突或僵局，或为了更快地达成一致意见，可以先将议程打印发给各位参会者，并可以就议程与一些主要人员进行预先磋商，这样才能在有限的时间内，让有关人员充分地研究并得出结论。

会议过程中主持人应能驾驭会议局势，防止不正常的干扰影响会议的正常秩序。应善于发现和抓住有价值的问题，集思广益，总结解决问题的方案。应通过沟通和协调，使大家意见一致，使会议富有成效。对于专题会议，应有会议记录和会议纪要，并作为监理工程师发出的相关指令文件的附件存档备查。

另外需要注意的是，无论是第一次工地会议、监理工地例会还是专题现场协调会，都应做好会议纪要的起草和签发工作。会议纪要由监理工程师形成书面文件，经与会各方签认，然后分发给有关单位。

2．交谈协调法

在实际工作中有时可采用"交谈"的方法进行协调。包括面对面的交谈和电话交谈两种形式。

从管理学和心理学的角度上讲，沟通是指为达到一定的目的，将信息、思想和情感在两个和两个以上主体与客体之间进行传递和交流的过程。沟通的重要性至少有两方面：首先，沟通是各个管理职能得以实施和完成的基础；其次，沟通是管理者最重要的日常工作。可以说沟通是组织成员联系起来实现共同目标的手段，又是组织同外部环境联系的桥梁，任何组织只有通过必要的沟通才能使系统功能得以实现。交谈是最直接的沟通方式。

3. **书面协调法**

当会议或交谈不方便或不需要时，或者需要精确表达自己的意见时，就要用到书面协调的方法。书面协调方法的特点是具有合同效力，一般常用于以下几个方面。

1）不需要双方直接交流的报告、报表、指令和通知等。

2）需要以书面形式向各方提供详细信息和情况通报的报告、信函和备忘录等。

3）事后对会议记录、交谈内容或口头指令的书面确认等。

监理采用书面协调时，一般都以正式的监理书面文件形式，监理书面文件形式可根据工程情况和监理要求制定。

4. **访问协调法**

有走访和邀访两种形式，主要用于外部协调。走访是指监理工程师在建设工程施工前或施工过程中，对与工程施工有关的政府部门、公共事业机构、新闻媒介或工程毗邻单位等进行访问，向他们解释工程的情况，了解他们的意见。邀访是指监理工程师邀请上述各单位（包括业主）代表到施工现场对工程进行指导性巡视，了解现场工作。因为在多数情况下，这些有关方面并不了解工程，不清楚现场的实际情况，如果进行一些不恰当的干预，会对工程产生不利影响，这个时候，采用走访或邀访可能是相当有效的协调方法。

5. **情况介绍法**

情况介绍法通常是与其他协调方法紧密结合在一起的，它可能是在一次会议前，或是在一次交谈前，或是一次走访和邀访前向对方进行的情况介绍。形式上主要是口头的，有时也伴有书面的。介绍往往作为其他协调的引导，目的是使别人首先了解情况。因此，监理工程师应重视任何场合下的每一次介绍，要使别人能够理解你介绍的内容、问题和困难，以及你想得到的协助等。

总之，组织协调是一种管理艺术和技巧。监理工程师尤其是总监理工程师需要掌握领导科学、心理学、行为科学等方面的理论和技能，如激励、交际、表扬和批评的艺术、开会的艺术、谈话的艺术、谈判的技巧等，才能进行有效的协调。

本 章 小 结

本章介绍了组织的基本原理，包括组织的概念、组织构成因素、组织机构设置原则，重点讲述了建设工程监理模式、监理机构的建立步骤和形式、监理大纲与监理规划的定义及编写，阐述了建设工程监理的协调问题。

复 习 思 考 题

（1）什么是组织？组织的构成因素是什么？

（2）组织结构设计应遵循什么样的原则？

（3）组织机构活动的基本原理是什么？

（4）工程项目监理机构的组织形式有哪些？建立工程项目监理机构的步骤是什么？

（5）建设工程监理模式有哪些？

（6）建设工程监理实施程序是什么？实施原则有哪些？

（7）如何做好工程项目监理组织机构的人员配备？

（8）组织协调的概念是什么？

（9）工程建设监理大纲和监理规划的作用是什么？他们之间的关系如何？

（10）工程建设监理规划的编写要求有哪些？

（11）工程建设监理规划的主要内容是什么？

（12）工程项目监理机构组织协调的工作内容有哪些？

（13）建设工程监理协调的方法有哪些？

第4章 建筑工程施工阶段的监理工作

学 习 目 标

　　掌握工程建设施工阶段监理准备工作，目标控制的类型，工程建设三大目标之间的关系，工程建设投资控制、进度控制、质量控制的主要任务和采取的措施。风险管理的概念、内容，风险识别的特点、原则和方法，风险评价的作用、内容和方法；熟悉控制程序、目标的确定方法及其基本环节，影响建设工程的相关因素，监理工程师在目标控制中的作用，风险的类型、识别的过程；了解工程建设目标控制的原理及基本思路，建设工程投资的特点，建设工程质量及其特点，与风险相关的概念。

4.1　建筑工程施工阶段监理的准备工作

4.1.1　制定监理工作程序的一般规定

　　制定监理工作程序有利于项目监理机构的工作规范化、制度化，有利于建设单位、承包单位及其他相关单位与监理单位之间工作配合协调。

　　（1）应根据专业工程特点制定监理工作总程序，并按工作内容分别制定具体的监理工作程序。

　　监理工作程序根据所针对的工作范围不同可分为总程序、子程序等，针对整个项目总体的监理工作程序称为总程序，它对整个监理工作的"三控制、四管理、一协调"作出总体的规定。子程序则是在总程序的规定之下，针对某一方面监理工作所做的具体规定；子程序之下还可以有针对更具体的监理工作所制定的更具体的程序。例如，项目监理总程序之下可能有质量控制程序、进度控制程序等子程序，而质量控制程序之下又可以有原材料质量控制程序、构配件质量控制程序等。

　　监理工作程序的制定要有针对性。各类不同的专业工程都有自己的实施的规律和特点，同时，各类专业工程又都有本专业的管理制度和规定。因此，不同专业工程的监理工作程序就会有一定的差别，制定时一定要符合专业工程的特点。

　　（2）制定监理工作程序应体现事前控制和主动控制的要求。控制分为被动控制和主动控制。

　　（3）制定监理工作程序应结合工程项目的特点，注重监理工作的效果。按照监理工作开展的先后顺序，明确每一阶段工作内容、行为主体、考核标准、工作时限。若程序只是规定了监理工作的开展顺序，而没有规定工作的范围和具体内容，没有规定实施的主体，那么该程序很容易流于形式，无人执行或执行过程中挂一漏万，达不到制定程序的目的。若程序没规定监理工作的考核标准和工作时限，则执行过程中就无法对其进行检查和纠偏，执行完毕也无法进行效果的评价。因此，在制定监理工作程序时，要按照监理工作开展的先后次序，明确每一阶段完成的工作内容、行为主体、工作时限和考核（检查）标准。

（4）当涉及建设单位和承包单位的工作时，监理工作程序应符合委托监理合同和施工合同的规定。

（5）在监理工作实施过程中，应根据实际情况的变化对监理工作程序进行调整和完善。在实际监理过程中，由于工程项目变化的具体情况，可能会产生监理工作内容的增减或工作程序颠倒的现象，但无论出现何种变化都必须坚持监理工作"先审核后实施，先验收后施工（下道工序）"的基本原则。而不能迁就有关各方的不正确的要求而对监理工作程序进行随意变更。

4.1.2　施工准备阶段的监理工作

（1）在设计交底前，总监理工程师应组织监理人员熟悉设计文件，并对图纸中存在的问题通过建设单位向设计单位提出书面意见和建议。

（2）项目监理人员应参加由建设单位组织的设计技术交底会，参加设计技术交底会应了解的基本内容包括：

1）设计主导思想、建筑艺术构思和要求、采用的设计规范、确定的抗震等级、防火等级、基础、结构、内外装修及机电设备设计（设备造型）等。

2）对主要建筑材料、构配件和设备的要求，所采用的新技术、新工艺、新材料、新设备的要求以及施工中应特别注意的事项等。

3）对建设单位、承包单位和监理单位提出的对施工图的意见和建议的签复。

在设计交底会上确认的设计变更应由建设单位、设计单位、施工单位和监理单位会签。

总监理工程师应对设计技术交底会议纪要进行签认。

（3）工程项目开工前，总监理工程师应组织专业监理工程师审查承包单位报送的施工组织设计（方案）报审表，提出审查意见，并经总监理工程师审核、签认后报建设单位。

审查施工组织设计的工作程序及基本要求如下所述：

1）施工组织设计审查程序。

a. 承包单位必须完成施工组织设计的编制及自审工作，并填写施工组织设计（方案）报审表，报送项目监理机构。

b. 总监理工程师应在约定时间内，组织专业监理工程师审查，提出审查意见后，由总监理工程师审定批准。需要承包单位修改时，由总监理工程师签发书面的意见，退回承包单位修改后再报审，总监理工程师应重新审定。

c. 已审定的施工组织设计由项目监理机构报送建设单位。

d. 承包单位应按审定的施工组织设计文件组织施工。如需对其内容做较大的变更，应在实施前将变更的内容书面报送项目监理机构重新审定。

e. 对规模较大、结构复杂或属新结构、特种结构的工程，项目监理机构应在审查施工组织设计后，报送监理单位技术负责人审查，其审查意见由总监理工程师签发。必要时与建设单位协商，组织有关专家会审。

2）审查施工组织设计的基本要求。

a. 施工组织设计应有承包单位负责人签字。

b. 施工组织设计应符合施工合同要求。

c. 施工组织设计应由专业监理工程师审核后，经总监理工程师签认。

d. 发现施工组织设计中存在问题应提出修改意见，由承包单位修改后重新报审。

（4）监理工作是在承包单位建立健全质量管理体系、技术管理体系和质量保证体系的基础上完成的，如果承包单位不建立质量管理体系、技术管理体系和质量保证体系，难以保证施工合同的履行。因此工程项目开工之前，总监理工程师应审查承包单位现场项目管理机构的质量管理体系、技术管理体系和质量保证体系，确能保证工程项目施工质量时予以确认。对质量管理体系、技术管理体系和质量保证体系应审核以下内容。

1）质量管理、技术管理和质量保证的组织机构。

2）质量管理、技术管理制度。

3）专职管理人员和特种作业人员的资格证、上岗证。

（5）分包工程开工前，专业监理工程师应审查承包单位报送的分包单位资格报审表和分包单位有关资质资料，符合有关规定后，由总监理工程师予以签认。

对分包单位资格应审核以下内容：

1）分包单位的营业执照、企业资质等级证书、特殊行业施工许可证、国外（境外）企业在国内承包工程许可证。

2）分包单位的业绩。

3）拟分包工程的内容和范围。

4）专职管理人员和特种作业人员的资格证、上岗证。

（6）专业监理工程师应按以下要求对承包单位报送的测量放线控制成果及保护措施进行检查，符合要求时，专业监理工程师对承包单位报送的施工测量成果报验申请表予以签认。

1）检查承包单位专职测量人员的岗位证书及测量设备检定证书。

2）复核控制桩的校核成果、控制桩的保护措施，复核平面控制网、高程控制网和临时水准点的测量成果。

（7）专业监理工程师应审查承包单位报送的工程开工报审表及相关资料，具备以下开工条件时，由总监理工程师签发，并报建设单位。

1）施工许可证已获政府主管部门批准。

2）征地拆迁工作能满足工程进度的需要。

3）施工组织设计已获总监理工程师批准。

4）承包单位现场管理人员已到位，机具、施工人员已进场，主要工程材料已落实。

5）进场道路及水、电、通信条件等已满足开工要求。

（8）工程项目开工前，监理人员应参加由建设单位主持召开的第一次工地会议。

第一次工地会议纪要应由项目监理机构负责起草，并经与会各方代表会签。第一次工地会议是在建设工程尚未全面展开前，由参与工程建设的各方互相认识、确定联络方式的会议，也是检查开工前各项准备工作是否就绪，并明确监理程序的会议。会议由建设单位主持召开，建设单位、承包单位和监理单位的授权代表必须出席会议，必要时分包单位和设计单位也可参加，各方将在工程项目中担任主要职务的负责人及高级人员也应参加。第一次工地会议很重要，是项目开展前的宣传通报会。

第一次工地会议应包括以下主要内容：

1）建设单位、承包单位和监理单位分别介绍各自驻现场的组织机构、人员及其分工。

2）建设单位根据委托监理合同宣布对总监理工程师的授权。

3）建设单位介绍工程开工准备情况。

4）承包单位介绍施工准备情况。

5）建设单位和总监理工程师对施工准备情况提出意见和要求。

6）总监理工程师介绍监理规划的主要内容。

7）研究确定各方在施工过程中参加工地例会的主要人员，召开工地例会周期、地点及主要议题。

4.2　建筑工程施工阶段监理的目标控制

4.2.1　目标控制的含义

投资控制、进度控制、质量控制是建设工程监理进行目标控制的三个方面。它们的含义既有区别、又有内在的联系和共性。它们属于建设项目管理目标控制的范畴，又不同于施工项目和设计项目管理的目标控制。

1. 投资控制的含义

建设工程监理投资控制是指在整个项目的实施阶段对项目的投资实行管理，保证建设项目在满足质量和进度要求的前提下，实际投资不超过计划投资。"实际投资不超过计划投资"可能表现在以下几个方面：

1）在投资目标分解的各个层次上，实际投资均不超过计划投资，这是最理想的情况，是投资控制追求的最高目标。

2）在投资目标分解的较低层次上，实际投资在有些情况下超过计划投资，在大多数情况下不超过计划投资，因而在投资目标分解的较高层次上，实际投资不超过计划投资。

3）实际总投资未超过计划总投资，在投资目标分解的各个层次上，都出现实际投资超过计划投资的情况，但在大多数情况下实际投资未超过计划投资。

2. 进度控制的含义

建设工程监理所进行的进度控制是指在实现建设项目总目标的过程中，监理工程师进行监督、协调工作，使建设工程的实际进度符合项目进度计划的要求，使项目按计划要求的时间进行。

3. 质量控制的含义

建设工程监理质量控制是指在力求实现工程建设项目总目标的过程中，为满足项目总体质量要求所开展的有关的监理活动。

4.2.2　建筑工程三大目标之间的关系

任何工程项目都应当具有明确的目标。监理工程师进行目标控制时应当把项目的工期目标、费用目标和质量目标视为一个整体来控制。因为它们相互联系、互相制约，是整个项目系统中的目标子系统。投资、进度和质量三大目标之间既存在矛盾的方面，又存在统一的方面，是一个矛盾的统一体，如图 4.1 所示。

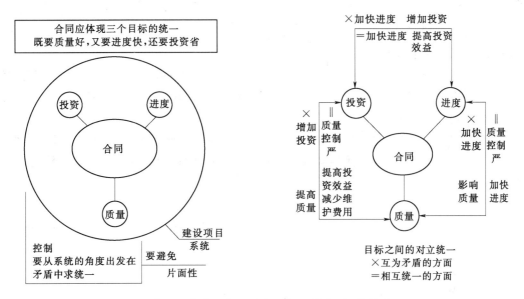

图 4.1 投资目标、进度目标和质量目标的关系

1. 建筑工程三大目标之间的对立关系

建筑工程投资、进度、质量三大目标之间首先存在着矛盾和对立的一面。例如，通常情况下，如果建设单位对工程质量要求较高，那么就要投入较多的资金和花费较长的建设时间来实现这个质量目标。如果要抢时间、争速度地完成工程项目，把工期目标定得很高，那么在保证工程质量不受到影响的前提下，投资就要相应地提高；或者是在投资不变的情况下，适当降低对工程质量的要求。如果要降低投资、节约费用，那么势必要考虑降低项目的功能要求和质量标准。

以上分析表明，建设工程三大目标之间存在对立的关系。因此，不能奢望投资、进度、质量三大目标同时达到"最优"，既要投资少，又要工期短，还要质量好。在确定建设工程目标时，不能将投资、进度、质量三大目标割裂开来，分别孤立地分析和论证，更不能片面强调某一目标而忽略其对其他两个目标的不利影响，而是必须将投资、进度、质量三大目标作为一个系统统筹考虑，反复协调和平衡，力求实现整个目标系统最优。

2. 建筑工程三大目标之间统一的关系

建筑工程投资、进度、质量三个目标之间不仅存在着对立的一面，而是还存在着统一的一面。例如，在质量与功能要求不变的条件下，适当增加投资的数量，就为采取加快工程进度的措施提供了经济条件，就可以加快项目建设进度，缩短工期，使项目提前完工，投入使用，投资尽早收回，项目全寿命经济效益得到提高。如果制定一个既可行又优化的项目进度计划，使工程能够连续、均衡地开展，则不但可以缩短工期，而且可以获得较好的质量和较低的费用。这一切都说明了工程项目投资、进度、质量三大目标关系之中存在着统一的一面。

在对建设工程三大目标对立统一关系进行分析时，同样需要将投资、进度、质量三大目标作为一个系统统筹考虑，同样需要反复协调和平衡，力求实现整个目标系统最优秀，也即实现投资、进度、质量三大目标的统一。

4.2.3　建设工程投资控制

4.2.3.1　建设工程投资概述

建设工程总投资一般是指进行某项工程建设花费的全部费用。生产性建设工程总投资包括固定资产投资和流动资产投资两部分。而非生产性建设工程总投资只有固定资产投资，不含流动资产投资。

固定资产投资又称建设投资，由前期工程费、设备工器具购置费、建筑安装工程费、工程建设其他费、预备费（包括基本预备费和涨价预备费）、建设期贷款利息和固定资产投资方向调节税等组成，见表 4.1。

表 4.1　　　　　　　　　　　我国现行建设工程投资的构成

建设工程总投资	建设投资或工程造价或固定资产投资	前期工程费	
		建筑安装工程费	直接费
			间接费
			利润
			税金
		设备工器具购置费	设备购置费
			工器具及生产家具购置费
		工程建设其他费	与土地使用有关的其他费用
			与工程建设有关的其他费用
			与未来企业生产经营有关的其他费用
		预备费	基本预备费
			涨价预备费
		建设期贷款利息	
		固定资产投资方向调节税	
	流动资产投资——铺底流动资金		

流动资产投资指生产经营性项目投产后，为正常生产运营，用于购买材料、燃料、支付工资及其他经营费用所需的周转资金。

其中，前期工程费是指建设项目设计范围内的建设场地平整、竖向布置土石方工程及因建设项目开工实施所需要的场外交通、供电、供水等管线的引接、修建的工程费用。

1. 设备、工器具及生产家具购置费

设备工器具购置费是指按照建设工程项目设计文件要求，建设单位（或其委托单位）购置或自制达到固定资产标准的设备和新建、扩建项目配制的首套工器具及生产家具所需的投资费用。它是由设备购置费和工器具及生产家具购置费两部分组成的。在生产性建设项目中，设备及工器具购置费用占总投资费用的比重增大，意味着生产技术的进步和生产部门有机构成的提高，所以它是固定资产投资中的积极部分，通常称为积极投资。

2. 建筑工程安装

建筑安装工程费是指建设单位用于建筑和安装工程方面的投资。

（1）建筑工程费是指各类房屋建筑工程和列入房屋建筑工程预算的供水、供暖、卫生、通风、煤气等设备费用及装设、油饰工程的费用；列入建筑工程预算的各种管道、电力、电信和电缆导线敷设工程的费用；设备基础、支柱、工作台、烟囱、水塔、水池、灯塔等建筑工程以及各种炉窑的砌筑工程和金属结构工程的费用；为施工而进行的场地平整，工程和水文地质勘察，原有建筑物和障碍物的拆除以及施工临时用水、电、气、路和完工后的场地清理、环境绿化、美化等工作的费用；矿井开凿、井巷延伸、露天矿剥离，石油、天然气钻井，修建铁路、公路、桥梁、水库、堤坝、灌渠及防洪等工程的费用。

（2）安装工程费是指生产、动力、起重、运输、传动和医疗、实验等各种需要安装的机械设备的装配费用，与设备相连的工作台、梯子、栏杆等设施的工程费用，附属于被安装设备的管线敷设工程费用，以及被安装设备的绝缘、防腐、保温、油漆等工作的材料费和安装费；为测定安装工程质量，对单台设备进行单机试运转、对系统设备进行系统联动无负荷试运转工作的调试费。

工程建设其他费是指从工程筹建起到工程竣工验收交付使用止的整个建设期间，除建筑安装工程费用和设备、工器具购置费用以外的，为保证工程建设顺利完成和交付使用后能够正常发挥效用而发生的各项费用。工程建设其他费用，按其内容可分为如下三大类：

第一类是土地转让费，包括土地征用及迁移补偿费，土地使用权出让金。

第二类是与项目建设有关的其他费用，包括建设单位管理费、勘察设计费、研究试验费、建设单位临时设施费、工程监理费、工程保险费、引进技术和进口设备其他费用、工程承包费等。

第三类是与未来企业生产经营有关的其他费用。包括联合试运转费、生产准备费、办公和生活家具购置费。

建设投资可以分为静态投资和动态投资两部分。其中，静态投资由前期工程费、设备工器具购置费、建筑安装工程费、工程建设其他费和基本预备费组成；动态投资是指在建设期内，因建设期贷款利息、建设工程需缴纳的固定资产投资方向调节税和国家新批准的税费、汇率、利率变动以及建筑期价格变动引起的建设投资增加额，它主要包括涨价预备费、建设期贷款利息、固定资产投资方向调节税。

工程造价，一般是指一项工程预计开支或实际开支的全部固定资产投资费用，在这个意义上工程造价与建设投资的概念是一致的。因此，我们在讨论建设投资时，经常使用工程造价这个概念。需要指出的是，在实际应用中工程造价还有另一种含义，那就是指工程价格，即为建成一项工程，预计或实际在土地市场、设备市场、技术劳务市场以及承包市场等交易中所形成的建筑安装工程的价格和建设工程的总价格。

4.2.3.2 投资控制的手段

进行工程项目投资控制，必须有明确的控制手段。常用的控制手段包括以下五种。

1. 计划与决策

计划作为投资控制的手段，是指在充分掌握信息资料的基础上，把握未来的投资前景，正确决定投资活动目标，提出实施目标的最佳方案，合理安排投资资金，以争取最大的投资效益。决策这一管理手段与计划密不可分。决策是在调查研究的基础上,对某方案的可行与否作出判断,或在多方案中作出某项选择。

2. 组织与指挥

组织可以从两个方面来理解:一是控制的组织机构设置;二是控制的组织活动。组织手段包括如下内容:控制制度的确立,控制机构的设置,控制人员的选配;控制环节的确定,责权利的合理划分,管理活动的组织等。充分发挥投资控制的组织手段,能够使整个投资活动形成一个具有内在联系的有机整体。指挥与组织紧密相连。有组织就必须有相应的指挥,没有指挥的组织,其活动是不可想象的。指挥就是上级组织或领导对下属的活动所进行的布置安排、检查调度、指示引导,以使下属的活动沿着一定的轨道通向预定的目标。指挥是保证投资活动取得成效的重要条件。

3. 调节与控制

调节是指投资机构和控制人员对投资过程中所出现的新情况作出的适应性反应。控制是指控制机构和控制人员为了实现预期的目标,对投资过程进行的疏导和约束。调节和控制是控制过程的重要手段。

4. 监督与考核

监督是指投资控制人员对投资过程进行的监察和督促。考核是指投资控制人员对投资过程和投资结果的分析比较。通过投资过程的监督与考核,可以进一步提高投资的经济效益。

5. 激励与惩戒

激励是指用物质利益和精神鼓励去调动人的积极性和主动性的手段。惩戒则是对失职者或有不良行为的人进行的惩罚教育,其目的在于加强人们的责任心,从另外一个侧面来确保计划目标的实现。激励和惩戒二者结合起来用于投资控制,对投资效益的提高有极大的促进作用。

上述各种控制手段是相互联系、相互制约的。在工程项目投资活动中,只有各种手段协调一致发挥作用,才能有效地管理投资活动。

4.2.3.3　施工阶段投资控制原理

由于建设工程项目管理是动态管理的过程,所以监理工程师在施工阶段进行投资控制的基本原理也应该是动态控制的原理。监理工程师在施工阶段进行投资控制的基本原理是把计划投资额作为投资控制的目标值,在工程施工过程中定期进行投资实际值与目标值的比较,通过比较找出实际支出额与投资控制目标值之间的偏差,然后分析产生偏差的原因,并采取有效措施加以控制,以保证投资控制目标的实现。施工阶段投资控制应包括从工程项目开工直到竣工验收的全过程控制。

4.2.3.4　监理工程师在施工阶段投资控制中的任务

1. 施工阶段投资控制的任务

在施工阶段,监理工程师投资控制的主要任务是通过工程付款控制、工程变更费用控制、预防并处理好费用索赔、挖掘节约投资潜力来努力实现实际发生的投资费用不超过计划投资费用。

2. 竣工验收交付使用阶段投资控制的任务

在竣工验收交付使用阶段，监理工程师投资控制的主要任务是合理控制工程尾款的支付，处理好质量保修金的扣留及合理使用，协助建设单位做好建设项目后评估。

4.2.3.5　施工阶段投资控制的措施

在施工阶段的投资控制工作周期长、内容多、潜力大，需要采取多方面的控制措施，确保投资实际支出值小于计划目标值。项目监理工程师应从组织、技术、经济、合同等多方面采取措施控制投资。

1. 组织措施

组织措施是指从投资控制的组织管理方面采取的措施，包括：

（1）在项目监理组织机构中落实投资控制的人员、任务分工和职能分工、权利和责任。

（2）编制施工阶段投资控制工作计划和详细的工作流程图。

2. 技术措施

从投资控制的要求来看，技术措施并不都是因为发生了技术问题才加以考虑，也可能因为出现了较大的投资偏差而加以应用。不同的技术措施会有不同的经济效果。

（1）对设计变更进行技术经济比较，严格控制设计变更。

（2）继续寻找建设设计方案，挖掘节约投资的可能性。

（3）审核施工承包单位编制的施工组织设计，对主要施工方案进行技术经济分析比较。

3. 经济措施

（1）编制资金使用计划，确定、分解投资控制目标。

（2）按照合同文件进行工程计量。

（3）复核工程付款账单，签发付款证书。

（4）在工程实施过程中，进行投资跟踪控制，定期地进行投资实际值与计划值的比较，若发现偏差，分析产生偏差的原因，采取纠偏措施。

（5）协商确定工程变更的价款，审核竣工结算。

（6）对工程实施过程中的投资支出作出分析与预测，定期或不定期地向建设单位提交项目投资控制存在问题的报告。

4. 合同措施

合同措施在投资控制工作中主要指索赔管理。在施工过程中，索赔事件的发生是难免的，监理工程师在发生索赔事件后，要认真审查有关索赔依据是否符合合同规定，索赔计算是否合理等。

（1）做好建设项目实施阶段质量、进度等控制工作，掌握工程项目实施情况，为正确处理可能发生的索赔事件提供依据，参与处理索赔事宜。

（2）参与合同管理工作，协助建设单位合同变更管理，并充分考虑合同变更对投资的影响。

4.2.3.6　施工阶段投资控制的工作程序

建设工程施工阶段涉及面广，涉及人员多，与投资控制有关的工作也很多，为便于理

解，我们在这里对实际情况加以适当简化，用工作流程图的形式进行说明。施工阶段投资
控制的工作流程图如图 4.2 所示。

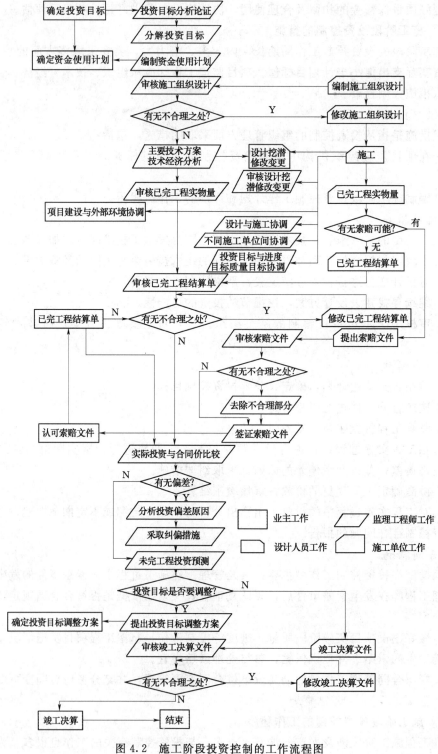

图 4.2　施工阶段投资控制的工作流程图

4.2.3.7 施工阶段投资控制的工作内容

1. 确定投资控制目标，编制资金使用计划

施工阶段投资控制目标，一般是以招投标阶段确定的合同价作为投资控制目标，监理工程师应对投资目标进行分析、论证，并进行投资目标分解，在此基础上依据项目实施进度，编制资金使用计划。做到控制目标明确，便于实际值与目标值的比较，使投资控制具体化、可实施。施工阶段投资资金使用计划的编制方法如下。

（1）按项目结构划分编制资金使用计划。根据工程分解结构的原理，一个建设项目可以由多个单项工程组成，每个单项工程还可以由多个单位工程组成，而单位工程又可分解成若干个分部和分项工程。按照不同子项目的投资比例将投资总费用分摊到单项工程和单位工程中去，不仅包括建筑安装工程费用，而且包括设备购置费用和工程建设其他费用，从而形成单项工程和单位工程资金使用计划。在施工阶段，要对各单位工程的建筑安装工程费用做进一步的分解，形成具有可操作性的分部、分项工程资金使用计划。

（2）按时间进度编制资金使用计划。工程项目的总投资是分阶段、分期支出的，考虑到资金的合理使用和效益，监理工程师有必要将总投资目标按使用计划时间（年、季、月、旬）进行分解，编制工程项目年、季、月、旬资金使用计划，并报告建设单位，据此筹措资金、支付工程款，尽可能减少资金占用和利息支出。在按时间进度编制工程资金使用计划时，必须先确定工程的时间进度计划，通常可用横道图或网络图，根据时间进度计划所确定的各子项目开始时间和结束时间，安排工程投资资金支出，同时对时间进度计划也形成一定的约束作用。其表达形式有多种，其中资金需要量曲线和资金累计曲线（S形曲线）较常见。

2. 审核施工组织设计

施工组织设计是施工承包单位依据投标文件编制的指导施工阶段开展工作的技术经济文件。监理工程师审核施工组织设计方案的合理性，从而判断主要技术、经济指标的合理性，通过设计控制、修改、优化，达到预先控制、主动控制的效果，从而保证施工阶段投资控制的效果。

对施工组织设计的审核，可从施工方案、进度计划、施工现场布置以及保证质量、安全、工期的措施是否合理、可行等内容进行。采取不同的施工方法，选用不同的施工机械设备，不同的施工技术、组织措施，不同的施工现场布置等，都会直接影响到工程建设投资，监理工程师对施工组织设计具体内容的审核，从投资控制的角度讲，就是审核施工承包单位采取的施工方案、编制的进度计划、设计的现场平面布置、采取的保证质量、安全、工期的措施能否保证在招投标及签订合同阶段已经确定的投资额内或在合同价范围内完成工程项目建设。

在施工阶段审核施工组织设计，还应注意施工承包单位开工前编制的施工组织设计内容应与招投标阶段技术标中施工组织设计承诺的内容一致，并注意与商务标中分部分项工程清单、措施项目清单、零星工作项目表中的单价形成是统一的。即采取什么施工方案，实际发生多少工程量，用多少人工、材料、机械数量，发生多少费用与投标报价清单是吻合的。为此，审核施工组织设计应与投标报价中的分部分项工程量清单综合单价分析表、措施项目费用分析表，以及实施工程承包单位的资金使用计划结合起来进行，从而达到通过审核施工组织设计预先控制资金使用的效果。

3．审核已完工程实物量并计量

审核已完工程实物量是施工阶段监理工程师做好投资控制的一项最重要的工作。依照合同规定按实际发生的工程量进行工程价款结算是大多数工程项目施工合同所要求的。为此监理工程师应依据施工设计图纸、工程量清单、技术规范、质量合格证书等认真做好工程计量工作，并据此审核施工承包单位提交的已完工程结算单，签发付款证书。项目监理机构应按下列程序进行工程计量和工程款支付工作。

（1）施工承包单位统计经专业监理工程师质量验收合格的工程量，按施工合同的约定填报工程量清单和工程款支付申请表。

（2）专业监理工程师进行现场计量，按施工合同的约定审核工程量清单和工程款支付申请表，并报总监理工程师审定。

（3）总监理工程师签署工程款支付证书，并报建设单位。

（4）未经监理人员质量验收合格的工程量，或不符合规定的工程量，监理人员应拒绝计量，拒绝该部分的工程款支付申请。

4．处理变更索赔事项

在施工阶段，不可避免地会发生工程量变更、工程项目变更、进度计划变更、施工条件变更等，也经常会出现索赔事项，直接影响到工程项目的投资。科学、合理地处理索赔事件是施工阶段监理工程师的重要工作。总监理工程师应从项目投资、项目的功能要求、质量和工期等方面审查工程变更的内容，并且在工程变更实施前与建设单位、施工承包单位协商确定工程变更的价款。专业监理工程师应及时收集、整理有关的施工和监理资料，为处理费用索赔提供证据。监理工程师应加强主动控制，尽量减少索赔，及时、合理地处理索赔，保证投资支出的合理性。

（1）项目监理机构处理费用索赔的依据。

1）国家有关的法律、法规和工程项目所在地的地方法规。

2）该工程的施工合同文件。

3）国家、部门和地方有关的标准、规范和定额。

4）施工合同履行过程中与索赔事件有关的凭证。

（2）项目监理机构处理费用索赔的程序。

1）施工承包单位在施工合同规定的期限内向项目监理机构提交对建设单位的费用索赔意向通知书。

2）总监理工程师指定专业监理工程师收集与索赔有关的资料。

3）施工承包单位在承包合同规定的期限内向项目监理机构提交对建设单位的费用索赔申请表。

4）总监理工程师初步审查费用索赔申请表，符合费用索赔条件（索赔事件造成了施工承包单位直接经济损失，索赔事件是由于非承包单位的责任发生的）时予以受理。

5）总监理工程师进行费用索赔审查，并在初步确定一个额度后，与承包单位和建设单位进行协商。

6）总监理工程师应在施工合同规定的期限内签署费用索赔审批表，或在施工合同规定的期限内发出要求施工承包单位提交有关索赔报告的进一步详细资料的通知，待收到施工单位提交的详细资料后，按第4～6条规定程序进行。

5. 实际投资与计划投资比较，及时进行纠偏

专业监理工程师应及时建立月完成工程量和工作量统计表，对实际完成量与计划完成量进行比较、分析，定期地将实际投资与计划投资（或合同价）做比较，发现投资偏差，计算投资偏差，分析投资偏差产生的原因，制定调整措施，并应在监理月报中向建设单位报告。投资偏差是指投资计划值与实际值之间存在的差异，即

$$投资偏差＝已完工程实际投资－已完成工程计划投资$$
$$＝已完工程量×实际单价－已完工程量×计划单价$$

上式中结果为正表示投资增加，结果为负表示投资节约。需要注意的是：与投资偏差密切相关的是进度偏差，在进行投资偏差分析的时候要同时考虑进度偏差，只有进度计划正常的情况下，投资偏差为正值时，表示投资增加；如果实际进度比计划进度超前，单纯分析投资偏差是看不出本质问题的。为此，在进行投资偏差分析时往往同时进行进度偏差计算分析。

引起投资偏差的原因主要包括四个方面：客观原因，包括人工费涨价、材料费涨价、自然因素、地基因素、交通原因、社会原因、法规变化等；建设单位原因，包括投资规划不当、组织不落实、建设手续不齐备、未及时付款、协调不佳等；设计原因，包括设计错误或缺陷、设计标准变更、图纸提供不及时、结构变更等；施工原因，包括施工组织设计不合理、质量事故、进度安排不当等。从偏差产生的原因看，由于客观原因是无法避免的，施工原因造成的损失由施工承包单位自己负责，因此，监理工程师投资纠偏的主要对象是由建设单位原因和设计原因造成的投资偏差。

除上述投资控制工作内容外，监理工程师还应协助建设单位按期提供施工现场、符合要求的设计文件以及应由建设单位提供的材料、设备等，避免索赔事件的发生，造成投资费用增加。在工程价款结算时，还应审查有关变更费用的合理性，审查价格调整的合理性等。

4.2.3.8 竣工验收阶段的投资控制

竣工验收是工程项目建设全过程的最后一个程序，是检验、评价建设项目是否按预定的投资意图全面完成工程建设任务的过程，是投资成果转入生产使用的转折阶段。

1. 工程竣工结算过程中监理工程师的职责

工程项目进入竣工验收阶段，按照我国工程项目施工管理惯例，也就进入了工程尾款结算阶段，监理工程师应在全面检查验收工程项目质量的基础上，对整个工程项目施工预付款、已结算价款、工程变更费用、合同规定的质量保留金等综合考虑分析计算后，审核施工承包单位工程尾款结算报告，符合支付条件的，报建设单位进行支付。

工程竣工结算是指施工承包单位按照合同规定的内容全部完成所承包的工程，经验收质量合格，并符合合同要求之后，向建设单位结算最终工程价款。办理工程价款结算的一般公式如下。

竣工结算工程价款＝预算（或概算）或合同价＋施工过程中预算或合同价款调整数额－预付及已结算工程价款－保修金

我国《建设工程施工合同（示范文本）》对竣工结算的规定如下。

（1）发包人应在收到承包人提交的竣工结算文件后的 28 天内核对。发包人经核实，认为承包人还应进一步补充资料和修改结算文件，应在上述时限内向承包人提出核实意见，承包人在收到核实意见后的 28 天内按照发包人提出的合理要求补充资料，修改竣工结算文件，并再次提交给发包人复核后批准。

（2）发包人应在收到承包人再次提交的竣工结算文件后的 28 天内予以复核，并将复核结果通知承包人。

（3）发包人在收到承包人竣工结算文件后的 28 天内不核对竣工结算或未提出核对意见的，视为承包人提交的竣工结算文件已被发包人认可，竣工结算办理完毕。

（4）承包人在收到发包人提出的核实意见后的 28 天内，不确认也未提出异议的，视为发包人提出的核实意见已被承包人认可，竣工结算办理完毕。

（5）工程竣工验收报告经建设单位认可后 28 天内，施工承包单位未能向建设单位递交竣工结算报告及完整的结算资料，造成工程竣工结算不能正常进行或工程竣工结算价款不能及时支付，建设单位要求交付工程的，施工承包单位应当交付；建设单位不要求交付工程的，施工承包单位承担保管责任。

（6）建设单位和施工承包单位对工程竣工结算价款发生争议时，按争议的约定处理。

2. 竣工结算的审查

对工程竣工结算的审查是竣工验收阶段监理工程师的一项重要工作。经审查核定的工程竣工结算是核定建设工程投资造价的依据，也是建设项目验收后编制竣工决算和核定新增固定资产价值的依据。监理工程师应严把竣工结算审核关。在审查竣工结算时应从以下几方面入手。

（1）核对合同条款。首先，应对竣工工程内容是否符合合同条件要求，工程是否竣工验收合格进行核对。只有按合同要求完成全部工程并验收合格才能进行竣工结算。其次，应按合同约定的结算方法、计价定额、取费标准、主材价格和优惠条款等，对工程竣工结算进行审核，若发现合同开口或有漏洞，应请建设单位和施工承包单位认真研究，明确结算要求。

（2）检查隐蔽验收记录。所有隐蔽工程均需进行验收，有隐检记录，并经监理工程师签证确认。审核竣工结算时应检查隐蔽工程施工记录和验收签证，做到手续完整、工程量与竣工图一致方可列入结算。

（3）落实设计变更签证。设计修改变更应由设计单位出具设计变更通知单和修改图纸，设计、核审人员签字并加盖公章，经建设单位和监理工程师审查同意、签证，重大设计变更应经原审批部门审批，否则不应列入结算。

（4）按图核实工程数量。竣工结算的工程量应依据竣工图、设计变更单和现场签证等进行核算，并按国家统一的计算规则计算工程量。

（5）认真核实单价。结算单价应按现行的计价原则和计价方法确定，不得违背。

（6）注意各项费用计取。建筑安装工程的取费标准，应按合同要求或项目建设期间与计价定额配套使用的建筑安装工程费用定额及有关规定执行，先审核各项费率、价格指数或换算系数是否正确，价差调整计算是否符合要求，再核实特殊费用和计算程序。要注意各项费用的计取基数，如安装工程间接费是以人工费（或人工费与机械费合计）为基数，此处人工费是直接工程费中的人工费（或人工费与机械费合计）与措施费中人工费（或人工费与机械费合计），再加上人工费（或人工费与机械费）调整部分之和。

（7）防止各种计算误差。工程竣工结算子目多、篇幅大，往往有计算误差，应认真核算，防止因计算误差多计或少算。

3. 协助建设单位编制竣工决算文件

所有竣工验收的项目，在办理验收手续之前，必须对所有财产和物资进行清理，编制竣工决算。通过竣工决算，一方面反映建设项目实际造价和投资效果；另一方面还可以通过竣工决算与概算、预算的对比分析，考核投资控制的工作成效，总结经验教训，积累技术经济方面的基础资料，提高未来建设工程的投资效益。

竣工决算是建设工程从筹建到竣工投产全过程中发生的所有实际支出费用，包括设备工器具购置费、建筑安装工程费和其他费用等。竣工决算由竣工决算报表、竣工财务决算说明书、竣工工程平面示意图、工程投资造价比较分析四部分组成。

（1）竣工决算的编制依据。

1）可行性研究报告、投资估算书、初步设计或扩大初步设计、（修正）总概算及其批复文件。

2）设计变更记录、施工记录或施工签证及其他施工发生的费用记录。

3）经批准的施工图预算或标底造价、承包合同、工程结算等有关资料。

4）历年基建计划、历年财务决算及批复文件。

5）设备、材料调价文件和调价记录。

6）其他有关资料。

（2）竣工决算的编制步骤。

1）整理和分析有关依据资料。在编制竣工决算文件之前，应系统地收集、整理所有的技术资料、费用结算资料、有关经济文件、施工图纸和各种变更与签证资料，并分析它们的正确性。

2）清理各项财务、债务和结余物资。在收集、整理和分析有关资料时，要特别注意建设工程从筹建到竣工投产或使用的全部费用的各项账务、债权和债务的清理，做到工程完毕账目清晰。既要核对账目，又要查点库存实物的数量，做到账与物相等，账与账相符；对结余的各种材料、工器具和设备，要逐项清点核实，妥善管理，并按规定及时处理，收回资金。对各种往来款项要及时进行全面清理，为编制竣工决算提供准确的数据和结果。

3）填写竣工决算报表。填写建设工程竣工决算表格中的内容，应按照编制依据中的有关资料进行统计或计算各个项目和数量，并将其结果填到相应表格的栏目内，完成所有报表的填写。

4）编制建设工程竣工决算说明。按照建设工程竣工决算说明的内容要求，根据编制依据材料填写在报表中，一般以文字说明表述。

5）做好工程造价对比分析。

6）清理、装订好竣工图。

7）上报主管部门审查。

4．工程投资造价比较分析

工程投资造价比较分析时，可先对比整个项目的总概算，然后将建筑安装工程费、设备及工器具费和其他工程费用逐一与竣工决算表中所提供的实际数据和相关资料及批准的概算指标、预算指标、实际的工程投资造价进行对比分析，以确定竣工项目总投资造价是节约还是超支，并在对比的基础上，总结先进经验，找出节约和超支的内容及其原因，提出改进措施。在实际工作中，监理工程师应主要分析以下内容。

（1）主要实物工程量。对于实物工程量出入比较大的情况，必须查明原因。

（2）主要材料消耗量。考核主要材料消耗量，要按照竣工决算表中所列明的主要材料实际超概算的消耗量，查明是在工程的哪个环节超出量最大，再进一步查明超耗的原因。

（3）考核建设单位管理费、建筑及安装工程措施费、间接费等的取费标准。建设单位管理费、建筑及安装工程措施费、间接费等的取费要按照国家有关规定以及工程项目实际发生情况，根据竣工决算报表中所列的数额与概预算或措施项目清单、其他项目清单中所列数额进行比较，依据规定查明是否多列或少列费用项目，确定其节约超支的数额，帮助建设单位查明原因。对整个建设项目建设投资情况进行总结，提出成功经验及应吸取的教训。

4.2.4　建设工程进度控制

4.2.4.1　建设工程进度控制概述

建设工程进度控制指将工程项目建设各阶段的工作内容、工作程序、持续时间和衔接关系，根据进度总目标及优化资源的原则编制成进度计划，并将该计划付诸实施。在实施过程中，监理工程师运用各种监理手段和方法，依据合同文件和法律法规所赋予的权力，监督工程项目任务承揽人采用先进合理的技术、组织、经济等措施，不断检查调整自身的进度计划，在确保工程质量、安全和投资费用的前提下，按照合同规定的工程建设期限加上监理工程师批准的工程延期时间以及预订的计划目标去完成项目建设任务。

对建设工程项目的控制贯穿于项目实施的全过程，而且首先应认识到对项目的控制越早，对计划（标准）的实现越有保障。其次，对控制工作而言，不能只看成是少数人的事情，而应该是全体参与人员的责任。第三，应该明确要尽力提倡主动控制，即在实施前或偏离前已预测到偏离的可能，主动采取措施，提早防止偏离的发生。

4.2.4.2　影响工程进度的因素

由于建设工程具有规模庞大、工艺技术复杂、建设周期长、关联多等特点，决定了建设工程进度将受到许多因素影响。例如，人的因素（如建设单位改变使用要求而导致设计变更；建设单位应提供的场地条件不及时或不能满足工程需要；图纸供应不及时、不配套或出现差错；计划不周导致停工待料和相关作业脱节，工程无法正常进行等），技术因素，设备、材料及构配件因素，机具因素，资金因素，水文、地质与气象因素，以及其他自然与社会环境等方面的因素。其中，人的因素是影响工程进度的最大干扰因素。

从影响因素产生的根源来看，有的来源于建设单位及其上级主管部门，有的来源于勘察设计、施工及材料、设备供应单位，有的来源于建设主管部门和社会，有的来源于各种自然条件，也有的来源于建设监理单位本身。

4.2.4.3　进度控制中监理方面的基本工作

根据监理合同，监理单位从事的监理工作可以是全过程的监理，也可以是阶段性的监理；可以是整个建设项目的监理，也可以是某个子项目的监理。从某种意义上说，监理的进度控制工作取决于业主的委托要求。

施工阶段进度控制的任务是编制施工总进度计划及单位工程进度计划并控制其执行；编制施工年（或月、季、旬、周）实施计划并控制其执行。

供货进度控制的任务是编制供货进度计划并控制其执行，供货计划应包括供货过程中的原材料采购、加工制造、运输等主要环节。

4.2.4.4　进度控制的主要方法

1. 进度计划的编制方法

（1）横道图进度计划。横道图进度计划法是一种传统方法，它的横坐标是时间标尺，各工程活动（工作）的进度线与之相对应，这种表达方式简便直观、易于管理使用，依据横道图直接进行统计计算可以得到资源需要量计划。

横道图的基本形式如图 4.3 所示。它的纵坐标按照项目实施的先后顺序自上而下表示各工作的名称、编号，为了便于审查与使用计划，在纵坐标上也可以表示出各工作的工程量、劳动量（或机械量）、工作队人数（或机械台数）、工作持续时间等内容。图中的横道线段表示计划任务各工作的开展情况，工作持续时间，开始与结束时间一目了然。它实质上是图和表的结合形式，在工程中广泛应用，很受欢迎。

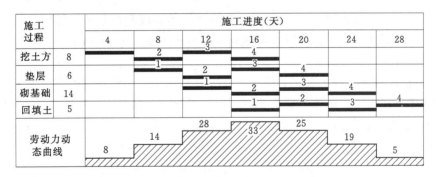

图 4.3　分部工程施工进度计划横道指示图表

当然，横道图的使用也有局限性，主要是工作之间的逻辑关系表达不清楚，不能确定关键工作，对于计划偏差不能简单而迅速地进行调整，不能充分利用计算机等，尤其是当项目包含的工作数量较多时，这些缺点表现得更加突出。所以，它适用于一些简单的小项目，适用于工作划分范围很大的总进度计划，适用于工程活动及其相互关系尚未分析清楚的项目初期的总体计划。

（2）网络图进度计划。网络图是由箭线和节点组成的，表示工作流程的网状图形。这种利用网络图的形式来表达各项工作的相互制约和相互依赖关系，并标注时间参数，用以编制计划，控制进度，优化管理的方法，统称为网络计划技术。我国《工程网络计划技术规程》（JGJ/T 121—1999）推荐的常用的工程网络计划类型包括双代号网络计划、双代号时标网络计划、单代号网络计划、单代号搭接网络计划。

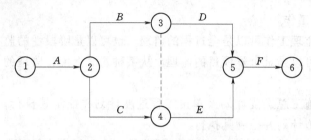

图 4.4　双代号网络图

网络计划有着横道图无法比拟的优点，是目前最理想的进度计划与控制方法。我国目前较多使用的是双代号时标网络计划。国际上，美国较多使用双代号网络计划，欧洲较多使用单代号网络计划，其中德国普遍使用单代号搭接网络计划。

双代号网络图是以箭线及两端节点的编号表示工作的网络图，如图 4.4 所示。

2. 进度控制的原理与方法

（1）进度控制的原理。进度控制的原理是在工程项目实施中不断检查和监督各种进度计划执行情况，通过连续地报告、审查、计算、比较，力争将实际执行结果与原计划之间的偏差减少到最低限度，保证进度目标的实现。

进度控制就其全过程而言，主要工作环节首先是依进度目标的要求编制工作进度计划；其次是把计划执行中正在发生的情况与原计划比较；再次是分析偏差出现的原因；最后是及时采取措施，对原计划予以调整，以满足进度目标要求。以上四个环节缺一不可，当完成之后再开始下一个循环，直至任务结束。进度控制的关键是计划执行中的跟踪检查和调整。

（2）实际进度与计划进度的比较方法。进度计划的检查方法主要是对比法，即实际进度与计划进度相对比较。通过比较发现偏差，以便调整或修改计划，保证进度目标的实现。计划检查是对执行情况的总结，实际进度都是记录在原计划图上的，故因计划图形的不同而产生了各种检查方法。

1）横道图比较法。横道图比较检查的方法就是在项目实施中检查实际进度应收集到的数据信息，经过整理后直接用横道双线（彩色线或其他线型）并列标于原计划的横道单线下方（或上方），进行直观比较的方法。例如某工程的实际施工进度与计划进度比较，如图 4.5 所示。

序号	工作名称	持续时间	进度（周）															
			1	2	3	4	5	6	7	8	9	10	11	12	13	14	15	16
1	土方	2																
2	基础	6																
3	主体结构	4																
4	围护	3																
5	屋面地面	4																
6	装饰工程	6																

△ 检查日期

图 4.5　横道图比较法

通过这种比较，管理人员能很清晰和方便地观察出实际进度与计划进度的偏差。需要注意的是，横道图比较法中的实际进度可用持续时间或任务量（如劳动消耗量、实物工程量、已完工程价值量等）的累计百分比表示。但由于计划图中的进度横道线只表示工作的开始时间、持续时间和完成时间，并不表示计划完成量，所以在实际工作中要根据工作任务的性质分别考虑。

工作进展有两种情况：一种是工作任务是匀速进行的（单位时间完成的任务量是相同的）；另一种是工作任务的进展速度是变化的。因此，进度比较法就需相应采取不同的方法。每一期检查，管理人员应将每一项工作任务的进度评价结果合理地标在整个项目的进度横道图上，最后综合判断工程项目的进度进展情况。

2）实际进度前锋线比较法。前锋线比较法主要适用于双代号时标网络图计划。该方法是从检查时刻的时间标点出发，用点划线依次连接各工作任务的实际进度点（前锋），最后回到计划检查的时点为止，形成实际进度前锋线，按前锋线判定工程项目进度偏差，如图 4.6 所示。

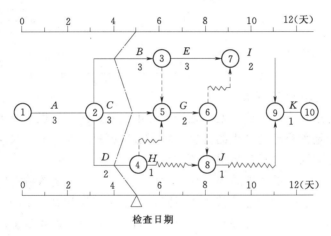

图 4.6 时标网络计划前锋线检查

简单地讲，前锋线比较法就是通过实际进度前锋线，比较工作实际进度与计划进度偏差，进而判定该偏差对总工期及后续工作影响程度的方法。当某工作前锋点落在检查日期左侧，表明该工作实际进度拖延，拖延时间为两者之差；当该前锋点落在检查日期右侧，表明该工作实际进度超前，超前时间为两者之差。进度前锋点的确定可以采用比例法。这种方法形象直观，便于采取措施，但最后应针对项目计划做全面分析（主要利用总时差和自由时差），以判定实际进度情况对应的工期。Project 软件具有前锋线比较的功能，并可以根据实际进度检查结果，直接计算出新的时间参数，包括相应的工期。

3）"切割线"检查。双代号网络计划"切割线"检查是利用切割线进行实际进度记录，如图 4.7 所示，点划线为"切割线"。在第 10 天进行记录时，D 工作尚需 1 天（方括号内的数）才能完成；G 工作尚需 8 天才能完成；L 工作尚需 2 天才能完成。检查结果分析见表 4.2。判断进度进展情况是 D、L 工作正常，G 拖期 1 天。由于 G 工作是关键工作，所以它的拖期将导致整个计划拖期，故应调整计划，追回损失的时间。

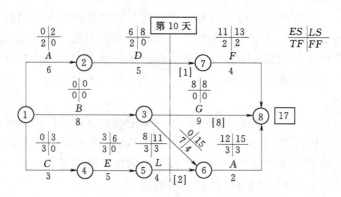

图 4.7　双代号网络计划切割线检查

表 4.2　　　　　　　　　　网络计划进行到第 10 天的检查结果分析

工作编号	工作名称	检查时尚需时间	到计划最迟完成前尚有时间	原有总时差	尚有时差	情况判断
2—7	D	1	13−10＝3	2	3−1＝2	正常
3—8	G	8	17−10＝7	0	7−8＝−1	拖延一天
5—6	L	2	15−10＝5	3	5−2＝3	正常

3. 进度计划实施中的调整

工程项目实施过程中工期经常发生延误，发生工期延误后，通常应采取积极的措施赶工，以弥补或部分地弥补已经产生的延误。主要通过调整后期计划，采取措施赶工，修改原网络进度计划等方法解决进度延误问题。

（1）分析偏差对工期的影响。当出现进度偏差时，需要分析该偏差对后续工作及总工期产生的影响。偏差所处的位置及其大小不同，对后续工作和总工期的影响是不同的。某工作进度偏差的影响分析方法主要是利用网络计划中工作总时差和自由时差的概念进行判断：若偏差大于总时差，对总工期有影响；若偏差未超过总时差而大于自由时差，对总工期无影响，只对后续工作的最早开始时间有影响；若偏差小于该工作的自由时差，对进度计划无任何影响。如果检查的周期比较长，期间完成的工作比较多且有不符合计划情况时，往往需要对网络计划做全面的分析才能知道总的影响结果。

（2）进度计划的调整是利用网络计划的关键线路进行的。

1）关键工作持续时间的缩短可以减小关键线路的长度，即可以缩短工期，要有目的地去压缩那些能缩短工期的某些关键工作的持续时间，解决此类问题往往要求综合考虑压缩关键工作的持续时间对质量、安全的影响，对资源需求的增加程度等多种因素，从而对关键工作进行排序，优先压缩排序靠前，即综合影响小的工作的持续时间。这种方法的实质是"工期"优化。

2）如果通过工期优化还不能满足工期要求时，必须调整原来的技术或组织方法，即改变某些工作间的逻辑关系。例如，从组织上可以把依次进行的工作改变为平行或互相搭接的以及分成几个施工区（段）进行流水施工的工作，都可以达到缩短工期的目的。

3）若遇非承包人原因引起的工期延误，如果要求其赶工，一般都会引起投资额度的增加。在保证工期目标的前提下，如何使相应追加费用的数额最小呢？关键线路上的关键工作有若干个，在压缩它们持续时间上，显然也有一个次序排列的问题需要解决，其实质就是"工期—费用"优化。

4.2.4.5 施工进度控制

1. 工程进度目标的确定

为了提高进度计划的预见性和进度控制的主动性，在确定施工进度控制目标时，必须结合土木工程产品及其生产的特点，全面细致地分析与本工程项目进度有关的各种有利因素和不利因素，以便能制定出一个科学合理的、切合实际的进度控制目标。确定施工进度控制目标的主要依据包括：施工合同的工期要求、工期定额及类似工程的实际进度、工程难易程度和施工条件的落实情况等。在确定施工进度分解目标时，还要考虑以下几个方面的问题。

（1）对于建筑群及大型工程建筑项目，应根据尽早投入使用、尽快发挥投资效益的原则，集中力量分期分批配套建设。

（2）科学合理安排施工顺序。在同一场地上不同工种交叉作业，其施工的先后顺序反映了工艺的客观要求，而平行交叉作业则反映了人们争取时间的主观努力。施工顺序的科学合理能够使施工在时空上得到统筹安排，流水施工是理想的生产组织方式。尽管施工顺序随工程项目类别、施工条件的不同而变化，但还是有其可供遵循的某些共同规律，如先准备，后施工；先地下，后地上；先外，后内；先土建，后安装等。

（3）参考同类工程建设的经验，结合本工程的特点和施工条件，制定切合实际的施工进度目标。避免制定进度时的主观盲目性，消除实施过程中的进度失控现象。

（4）做好资源配置工作。施工过程就是一个资源消耗的过程，要以资源支持施工。一旦进度确定，则资源供应能力必须满足进度的需要。技术、人力、材料、机械设备、资金统称为资源（生产要素），即5M。技术是第一生产力。在商品生产条件下，一切生产经营活动都离不开资金，它是一种流通手段，是财产、物资、活劳动的货币表现。

（5）土木工程的实施具有很强的综合性和复杂性，应考虑外部协作条件的配合情况。包括施工过程中及项目竣工动用所需的水、电、气、通信、道路及其他社会服务对项目的满足程度和满足时间，它们必须与工程项目的进度目标相协调。

（6）因为工程项目建设大多都是露天作业，以及建设地点的固定性，应考虑工程项目建设地点的气象、地形、地质、水文等自然条件的限制。

2. 施工进度控制的监理工作

监理工程师对工程项目的施工进度控制从审核承包单位提交的施工进度计划开始，直至工程项目保修期满为止，其工作内容主要有以下几个方面。

（1）编制施工阶段进度控制工作细则。施工进度控制工作细则的主要内容包括：

1）施工进度控制目标分解图。

2）施工进度控制的主要工作内容和深度。

3）进度控制人员的责任分工。

4）与进度控制有关的各项工作时间安排及其工作流程。

5）进度控制的手段和方法［包括进度检查周期、实际数据的收集、进度报告（表）

格式、统计分析方法等]。

6）进度控制的具体措施（包括组织措施、技术措施、经济措施及合同措施等）。

7）施工进度控制目标实现的风险分析。

8）尚待解决的有关问题。

（2）编制或审核施工进度计划。对于大型工程项目，由于单项工程数量较多、施工总工期较长，若业主采取分期分批发包，没有一个负责全部工程的总承包单位时，监理工程师就要负责编制施工总进度计划；或者当工程项目由若干个承包单位平行承包时，监理工程师也有必要编制施工总进度计划。施工总进度计划应确定分期分批的项目组成；各批工程项目的开工、竣工顺序及时间安排；全场性施工准备工作，特别是首批子项目进度安排及准备工作的内容等。

当工程项目有总承包单位时，监理工程师只需对总承包单位提交的工程总进度计划进行审核即可。而对于单位工程施工进度计划，监理工程师只负责审核而不管编制。施工进度计划审核的主要内容有以下几点：

1）进度安排是否符合工程项目建设总进度计划中总目标和分目标的要求，是否符合施工合同中开竣工日期的规定。

2）施工总进度计划中的项目是否有遗漏，分期施工是否满足分批动用的需要和配套动用的要求。

3）施工顺序的安排是否符合施工程序的原则要求。

4）劳动力、材料、构配件、机具和设备的供应计划是否能保证进度计划的实现，供应是否均衡，需求高峰期是否有足够实现计划的供应能力。

5）业主的资金供应能力是否满足进度需要。

6）施工的进度安排是否与设计单位的图纸供应进度相符。

7）业主应提供的场地条件及原材料和设备，特别是国外设备的到货与施工进度计划是否衔接。

8）总分包单位分别编制的各单位工程施工进度计划之间是否相协调，专业分工与衔接的计划安排是否明确合理。

9）进度安排是否存在造成业主违约而导致索赔的可能。

如果监理工程师在审核施工进度计划的过程中发现问题，应及时向承包单位提出书面修改意见，并协助承包单位修改，其中重大问题应及时向业主汇报。

尽管承包单位向监理工程师提交施工进度计划是为了听取建设性意见，但施工进度计划一经监理工程师确认，即应当视为合同文件的组成部分。它是以后处理承包单位提出的工程延期或费用索赔的一个重要依据。

（3）按年、季、月编制工程综合计划。在按计划期编制的进度计划中，监理工程师应着重解决各承包单位施工进度计划之间、施工进度计划与资源保障计划之间及外部协作条件的延伸性计划之间的综合平衡与相互衔接问题。并根据上期计划的完成情况对本期计划做必要的调整，从而作为承包单位近期执行的指令性（实施性）计划。

（4）下达工程开工令。监理工程师应根据承包单位和业主双方关于工程开工的准备情况，选择合适的时机发布工程开工令。工程开工令的发布，要尽可能及时，因为从发布工程开工令之日算起，加上合同工期后即为工程竣工日期。如果开工令发布拖延，就等于推迟了竣工时间，甚至可能引起承包单位的索赔。

为了检查双方的准备情况，在一般情况下应由监理工程师组织召开有业主和承包单位参加的第一次工地会议。业主应按照合同规定，做好征地拆迁工作，及时提供施工用地。同时还应当完成法律及财务方面的手续，以便能及时向承包单位支付工程预付款。承包单位应当将开工所需要的现场工作及人力、材料、设备准备好，同时还要按合同规定为监理工程师提供各种条件。

（5）协助承包单位实施进度计划。监理工程师要随时了解施工进度计划执行过程中所存在的问题，并帮助承包单位予以解决，特别是承包单位无力解决的外层关系协调问题。

（6）监督施工进度计划的实施。这是工程项目施工阶段进度控制的经常性工作。监理工程师不仅要及时检查承包单位报送的施工进度报表和分析资料，同时还要进行必要的现场实地检查，核实所报送的已完成的项目时间及工程量，杜绝虚假现象。

在对工程实际进度资料进行整理的基础上，监理工程师应将其与计划进度相比较，以判定实际进度是否出现偏差。如果出现偏差，监理工程师应进一步分析偏差对进度控制目标的影响程度及其产生的原因，以便研究对策，提出纠偏措施建议，必要时还应对后期工程进度计划做适当的调整。计划调整要及时有效。

（7）组织现场协调会。监理工程师应每月、每周定期组织召开不同层次的现场协调会议，以解决工程施工过程中的相互协调配合问题。在平行、交叉施工单位多、工序交接频繁且工期紧迫的情况下，现场协调会甚至需要每日召开。在会上通报和检查当天的工程进度，确定薄弱环节，部署当天的赶工任务，以便为次日正常施工创造条件。对于某些未曾预料的突发变故或问题，监理工程师还可以发布紧急协调指令，督促有关单位采取应急措施维护工程施工的正常秩序。

（8）签发工程进度款支付凭证。监理工程师应对承包单位申报的已完成分项工程量进行核实，在其质量通过检查验收后签发工程进度款支付凭证。

（9）审批工程延期。

1）工期延误。当出现工期延误时，监理工程师有权要求承包单位采取有效措施加快施工进度。如果经过一段时间后，实际进度没有明显改进，仍然落后于计划进度，而且将影响工程按期竣工时，监理工程师应要求承包单位修改进度计划，并提交监理工程师重新确认。

监理工程师对修改后的施工进度计划的确认，并不是对工程延期的批准，他只是要求承包单位在合理的状态下施工。因此，监理工程师对进度计划的确认，并不能解除承包单位应负的一切责任，承包单位需要承担赶工的全部额外开支和延误工期的损失赔偿。

2）工程延期。如果由于承包单位以外的原因造成工期拖延，承包单位有权提出延长工期的申请。监理工程师应根据合同规定，审批工程延期时间，应纳入合同工期，作为合同工期的一部分。即新的合同工期应等于原定的合同工期加监理工程师批准的工程延期时间。

监理工程师是否将施工进度的拖延批准为工程延期，对承包单位和业主都十分重要。如果承包单位得到监理工程师批准的工程延期，不仅可以不赔偿由于工期延长而支付的误期损失费，而且由业主承担由于工期延长所增加的费用。因此，监理工程师应按照合同的有关规定，公正区分工期延误和工程延期，并合理地批准工程延期时间。

（10）向业主提供进度报告。监理工程师应随时整理进度材料，并做好工程记录，定期向业主提交工程进度报告。

（11）督促承包单位整理技术资料。监理工程师要根据工程进展情况，督促承包单位及时整理有关技术资料。

（12）审批竣工申请报告，协助组织竣工验收。当工程竣工后，监理工程师应审批承包单位在自行预验基础上提交的初验申请报告，组织业主和设计单位进行初验。在初验通过后填写初验报告及竣工验收申请书，并协助业主组织工程项目的竣工验收，编写竣工验收报告书。

（13）处理争议和索赔。在工程结算过程中，监理工程师要处理有关争议和索赔问题。

（14）整理工程进度资料。在工程完工以后，监理工程师应将工程进度资料收集起来，进行归类、编目和建档，以便为今后类似工程项目的进度控制提供参考。

（15）工程移交。监理工程师应督促承包单位办理工程移交手续，颁发工程移交证书。在工程移交后的保修期内，还要处理使用中（验收后）出现的质量缺陷或事故等问题，并督促责任单位及时修理。当保修期满且再无争议时，工程项目进度控制的任务即告完成。

4.2.5　建筑工程质量控制

4.2.5.1　建设工程质量控制概述

1．建设工程质量的概念

建设工程质量是指工程满足业主需要的，符合国家现行的有关法律、法规、技术规范标准、设计文件及合同规定的性质的综合。

建设工程质量的主体是工程项目，也包含工作质量。任何建设工程项目都是由分项工程、分部工程和单位工程所组成的，而建设工程项目的建设是通过一道道工序来完成和创造的。所以，建设工程项目质量包含工序质量、分项工程质量、分部工程质量和单位工程质量。

2．建设工程质量的特点

建设工程质量的特点是由建筑工程本身和建设生产的特点决定的。建设工程（产品）及其生产的特点：一是产品的固定性，生产的流动性；二是产品的多样性，生产的单件性；三是产品形体庞大、高投入、生产周期长、具有风险性；四是产品的社会性，生产的外部约束性等。建设工程的上述特点使工程质量本身具有以下特点。

（1）影响因素多。建设工程质量受到多种因素的影响。主要可以归纳为人员素质、工程材料、机械设备、工艺方法、环境条件、工期、工程造价等，这些因素直接或间接地影响工程项目质量。

（2）质量波动大。建筑生产的单件性、流动性使工程质量具有较大的波动性。影响工程质量的偶然性、系统性因素变动后，都将造成工程质量的波动。因此，必须防止系统性因素导致质量变异，并使质量波动控制在偶然性因素的范围之内。

（3）质量隐蔽性。由于工程施工过程存在着大量的交叉作业、中间产品以及隐蔽工程，其质量的隐蔽性相当突出。如果不能及时地检查、发现，而仅依靠事后的表面检查很难发现内在的质量问题，容易导致判断错误。

（4）终检局限性。仅仅依靠工程项目的终检（即竣工验收）难以发现隐蔽起来的质量缺陷，无法科学地评估工程的内在质量。因此，质量控制应以预防为主，重视事前、事中控制，重视档案资料的积累，并将其作为终检的重要依据。

（5）评价方法特殊性。工程质量评价通常按照"验评分离、强化验收、完善手段、过程控制"的思想，在施工单位按照质量合格标准自行检查评定的基础上，由监理单位或建设单位（监理工程师或建设单位项目负责人）组织有关单位、人员进行确认验收。

工程质量的检查评定及验收依次按照检验批、分项工程、分部工程、单位工程进行。检验批的质量是分项工程乃至整个工程质量检验的基础；隐蔽工程在隐蔽前必须检查验收合格；涉及结构安全的试块、试件、材料应按规定进行见证取样；涉及结构安全和使用功能的重要分部工程需进行抽样检测。

3.影响建筑工程质量的因素

影响建筑工程的因素很多，归纳起来主要有五个方面：人（Man）、材料（Material）、机械（Machine）、方法（Method）和环境（Environment），称为4M1E因素。

（1）人员素质。人是生产经营活动的主体，也是工程项目建设的决策者、管理者、操作者，人员的素质，会对规划、决策、勘察、设计和施工的质量产生影响。因此，建筑行业实行经营企业资质管理和专业人员执业资格与持证上岗制度是保证人员素质的重要管理措施。

（2）工程材料。工程材料选用是否合理，产品是否合格，材质是否符合规范要求，运输与保管是否得当等，都将直接影响建设工程结构的刚度和强度、工程外表及观感、工程的使用功能、工程的使用安全和工程的耐久性。

（3）机械设备。工程机械设备的质量优劣直接影响工程质量。施工机具设备的类型是否符合工程施工特点，性能是否先进稳定，操作是否方便安全等，都将影响工程项目的质量。

（4）方法。方法是指工艺方法、操作方法、施工方案。在工程施工中，方案是否合理，施工工艺是否先进，施工操作是否正确，都将对工程质量产生重大的影响。完善施工组织设计，大力采用新技术、新工艺、新方法，不断提高工艺技术水平，是保证工程质量稳定提高的重要因素。

（5）环境条件。环境是指对工程质量特性起重要作用的环境因素，包括：工程管理环境、技术环境、周边环境等。环境条件往往对工程质量产生特定的影响。加强环境管理，改进作业条件，把握好技术环境，辅以必要的措施，是控制环境对质量影响的重要保证。

4.2.5.2 建设工程质量控制

1.建筑工程质量控制的概念

建设工程质量控制，就是为了实现项目的质量满足工程合同、规范标准要求所采取的一系列措施、方法和手段。质量控制有对直接从事质量活动者的控制和对他人质量行为进行监控的控制两种方法。前者被称为自控，后者被称为监控。监理单位与政府监督部门为监控主体；承建商，如勘测、设计单位与施工单位为自控主体。

建设工程监理的质量控制，其性质属于监控。是指监理单位受业主委托，代表建设单位为保证工程合同规定的质量标准对工程项目的全过程进行的质量监督和控制。其目的在于保证工程项目能够按照工程合同规定的质量要求达到业主的建设意图。其控制依据是国家现行的法律、法规、合同、设计图纸。

施工单位属于自控主体，它是以工程合同、设计图纸和技术规范为依据，对施工准备阶段、施工阶段、竣工验收交付阶段等施工全过程的工作质量和工程质量进行控制，以达到合同文件规定的质量要求。

2. 质量控制的原则

在建筑工程建设的质量控制中，监理工程师起着质量控制的主导作用，因为质量控制的中心工作由监理工程师承担。监理工程师在工程质量控制过程中，应遵循以下几条原则：

1）坚持质量第一的原则。

2）坚持以人为核心的原则。

3）坚持以预防为主的原则。

4）坚持质量标准的原则。

5）坚持科学、公正、守法的职业道德规范的原则。

4.2.5.3　施工单位的质量责任

1）施工单位应依法取得相应的资质证书，必须在其资质等级许可的范围内承揽工程，禁止承揽超越其资质等级业务范围以外的任务，不得转包或违法分包，不得以其他施工单位的名义承揽工程，也不得允许其他单位或个人以本单位的名义承揽工程。

2）施工单位对所承揽的建设工程的施工质量负责。应当建立健全质量管理体系，落实质量责任制，确定工程项目的项目经理、技术负责人和施工管理负责人。实行总承包的工程，总承包单位应对全部建设工程质量负责。建设工程勘察、设计、施工、设备采购中的一项或多项实行总承包的，总承包单位应对其承包的建设工程或采购的设备的质量负责；总包单位依法将建设工程分包给其他单位的，分包单位应按照分包合同约定对其分包工程的质量向总承包单位负责，总承包单位与分包单位对分包工程的质量承担连带责任。

3）施工单位必须按照工程设计图纸和施工技术规范标准组织施工，不得擅自修改工程设计。在施工中，必须按照工程设计要求、施工技术规范标准和合同约定，对建筑材料、构配件、设备和商品混凝土进行检验，不得偷工减料，不得使用不符合设计和强制性技术标准要求的产品，不得使用未经检验和试验或检验和试验不合格的产品。

4.2.5.4　工程监理单位的质量责任

1）工程监理单位应依法取得相应等级的资质证书，并在其资质等级许可的范围内承担工程监理业务。禁止超越本单位资质等级许可的范围或以其他工程监理单位的名义承担工程监理业务，不允许其他单位或个人以本单位的名义承担工程监理业务，不得转让工程监理业务。

2）工程监理单位应与建设单位签订监理合同，应依照法律、法规以及有关技术标准、设计文件和建设工程承包合同，代表建设单位对工程质量实施监理，并对工程质量承担监理责任。

4.2.5.5 施工阶段的质量控制

工程施工是使业主及工程设计意图最终实现并形成工程实体的阶段，也是最终形成工程产品质量和工程项目使用价值的重要阶段。因此，施工阶段的质量控制不但是施工监理重要的核心内容，也是工程项目质量控制的重点。监理工程师对工程施工的质量控制就是按照监理合同赋予的权利，针对影响工程质量的各种因素对建设工程项目的施工过程进行有效的监督和管理。

1. 施工质量控制的依据

施工阶段监理工程师进行质量控制的依据，一般有四个类型。

（1）工程承包合同文件。工程施工承包合同文件（还包括招标文件、投标文件及补充文件）和委托监理合同中分别规定了工程项目参建各方在质量控制方面的权利和义务，有关各方必须履行在合同中的承诺。

（2）设计文件。"按图施工"是施工阶段质量控制的一项重要原则。因此，经过批准的设计图纸和技术说明书等设计文件是质量控制的重要依据。监理单位应组织设计单位及施工单位进行设计交底及图纸会审工作，以便使相关各方了解设计意图和质量要求。

（3）国家及政府有关部门颁布的有关质量管理方面的法律、法规性文件。包括三个层次：第一层次是国家的法律；第二层次是部门的规章；第三层次是地方的法规与规定。

（4）有关质量检验与控制的专门技术标准。这类文件依据一般是针对不同行业、不同的质量控制对象而制定的技术法规性的文件，包括各种有关的技术标准、技术规范、规程或质量方面的规定。技术标准有国际标准（如 ISO 系列）、国家标准、行业标准和企业标准之分。它是建立和维护正常的生产和工作秩序应遵守的准则，也是衡量工程、设备和材料质量的尺度，如质量检验及评定标准，材料、半成品或构配件的技术检验和验收标准等。技术规程或规范一般是执行技术标准，是为保证施工有秩序地进行而制定的针对有关人员的行动准则，通常它们与质量的形成有密切关系，应严格遵守，如施工技术规程、操作规程、设备维护和检修规程、安全技术规程以及施工及验收规范等。各种有关质量方面的规定，一般是有关主管部门根据需要而发布的带有方针目标性的文件，它对于保证标准规程、规范的实施具有指令性的特点。

2. 施工质量控制的程序

在施工阶段监理中，监理工程师的质量控制任务就是要对施工的全过程、全方位进行监督、检查与控制，不仅涉及最终产品的检查、验收，而且涉及施工过程的各环节及中间产品的监督、检查与验收。一般按以下程序进行。

（1）开工条件审查（事前控制）。单位工程（或重要的分部、分项工程）开工前，承包商必须做好施工准备工作，然后填报《工程开工/复工报审表》，并附上该项工程的开工报告、施工组织设计（施工方案），特别要注明进度计划、人员及机械设备配置、材料准备情况等，报送监理工程师审查。若审查合格，则由总监理工程师批复，准予施工。否则，承包单位应进一步做好施工准备，具备施工条件时，再次填报开工申请。

（2）施工过程中督促检查（事中控制）。在施工过程中监理工程师应督促承包单位加强内部质量管理，同时监理人员进行现场巡视、旁站、平行检验、实验室试验等工作，涉及结构安全的试块、试件以及有关材料，应按规定进行见证取样检测；对涉及结构安全和使用功能的重要分部工程，应进行抽样检测。承担见证取样及有关结构安全检测的单位应具有相应资质。每道工序完成后，承包单位应进行自检，填写相应质量验收记录表，自检合格后，填报《报验申请表》交监理工程师检验。

（3）质量验收（事后控制）。当一个检验批、分项工程、分部工程完成后，承包单位首先对检验批、分项工程、分部工程进行自检，填写相应质量验收记录表，确认工程质量符合要求，然后向监理工程师提交《报验申请表》，附上自检的相关资料。监理工程师收到检查申请后应在合同规定的时间内到现场检验，并组织施工单位项目专业质量（技术）负责人等进行验收、现场检查及对相关资料审核，验收合格后由监理工程师予以确认，并签署质量验收证明。反之，则指令承包单位进行整改或返工处理。一定要坚持上道工序被确认质量合格后，方能准许下道工序施工的原则，按上述程序完成逐道工序。

4.2.5.6　施工准备阶段的质量控制

施工准备阶段的质量控制属事前控制，如事前的质量控制工作做得充分，这不仅是工程项目施工的良好开端，而且可为整个工程项目质量的达标创造极为有利的条件。

1. 监理工作准备

（1）组建项目监理机构，进驻现场。在签订委托监理合同后，监理单位要组建项目监理机构，在工程开工前的3～4周派出满足工程需要的监理人员进驻现场，开始施工监理准备工作。

（2）完善组织体系，明确岗位职责。项目监理机构进驻现场后，应完善组织体系，明确岗位责任。监理机构（监理部）的组织体系一般有两种设置形式：一是按专业分工，可分为土建、水暖、电、试验、测量等；二是按项目分工，建筑工程可按单位工程划分，道路工程按路段划分。在一些情况下，按专业分工和按项目分工也可混合配置，但无论怎样设置，工程监理工作面应全部覆盖，不能有遗漏，确保每个施工面上都应有基层的监理员。做到岗位明确、责任到人。

（3）编制监理规划性文件。监理规划应在签订委托监理合同后开始编制，由总监理工程师主持，专业监理工程师参加。编制完成后须经监理单位技术负责人审核批准，并应在召开第一次工地会议前报送建设单位。监理规划的编制应针对项目实际情况，明确项目监理机构的工作目标，确定具体的监理工作制度、程序、方法和措施，并具有可操作性。

监理部进驻现场后，总监理工程师应组织专业监理工程师编制专业监理细则，编制完成后须经总监理工程师审定后执行，并报送建设单位。监理细则应写明控制目标、关键工序、重点部位、关键控制点以及控制措施等内容。

（4）拟定监理工作流程。要使监理工作规范化，就应在开工之前编制监理工作流程。工程项目的实际情况不同，施工监理流程也有所不同。同一类型工程，由于项目的大小、项目所处的地点、周围的环境等各种因素不同，其监理工作流程也有所不同。

（5）监理设备仪器准备。在工程开工以前应做好充分准备，有充分的办公生活设施，包括用房、办公桌椅、文件柜、通信工具、交通工具、试验测量仪器等。这些装备中用房、桌椅、生活用具等应由业主提供，也可以折价由承包人提供，竣工之后归业主所有，还可以根据监理合同规定检测仪器等由监理公司自备。

（6）熟悉监理依据，准备监理资料。开工之前总监理工程师应组织监理工程师熟悉图纸、设计文件、施工承包合同。对图纸中存在的问题通过建设单位向设计单位提出书面意见和建议。准备监理资料所用的各种表格、各种规范及与本工程有关的资料。

2. 开工前的质量监理工作

（1）参与设计技术交底。设计交底一般由建设单位主持，参加单位包括：设计单位、承包单位和监理单位的主要项目负责人及有关人员。通过设计交底，设计交底应形成会议纪要，会后由承包单位负责整理，总监理工程师签认。监理工程师应了解以下基本内容。

1）建设单位对本工程的要求，施工现场的自然条件、工程地质与水文地质条件等。

2）设计主导思想，建筑艺术要求与构思，使用的设计规范，抗震烈度，基础设计，主体结构设计，装修设计，设备设计（设备选型）等，工业建筑应包括工艺流程与设备选型。

3）对基础、结构及装修施工的要求，对建材的要求，对使用新技术、新工艺、新材料的要求，对建筑与工艺之间配合的要求以及施工中的注意事项等。

4）设计单位对监理单位和承包单位提出的施工图纸中的问题的答复。

（2）审查承包单位的现场项目质量管理体系、技术管理体系和质量管理体系。审查由总监理工程师组织进行。对质量管理体系、技术管理体系和质量保证体系应审核以下内容：

1）质量管理、技术管理和质量保证的组织机构。

2）质量管理、技术管理制度。

3）专职人员和特种作业人员的资格证、上岗证。

（3）审查分包单位的资质。分包工程开工前，专业监理工程师应审查承包单位报送的分包单位资格报审表和分包单位的有关资质资料。审查内容如下：

1）审查分包单位的营业执照、企业资质等级证书、特殊行业施工许可证、国外（境外）企业在国内承包工程许可证等。

2）审查分包单位的业绩。

3）审查拟分包工程的内容与范围。

4）专职人员和特种作业人员的资格证、上岗证，如质量员、安全员、资料员、电工、电焊工、塔吊驾驶员等。

（4）审定施工组织设计（方案）。工程项目开工之前，总监理工程师应组织专业监理工程师审查承包单位编制的《施工组织设计（方案）》，提出审查意见，并经总监理工程师审核、签认后报建设单位。施工组织设计（方案）的审查程序如下：

1）工程项目开工前约定的时间内，承包单位必须完成施工组织设计的编制及内部自审批准工作，填写《施工组织设计（方案）报审表》报送项目监理机构审定。

2）总监理工程师组织专业监理工程师审查，提出意见后，由总监理工程师签认同意，批准实施。需要承包单位修改时，由总监理工程师、监理工程师签发书面意见，退回承包单位修改后再报审，重新审查。

3）已审定的施工组织设计由项目监理机构报送建设单位。

4）承包单位应按审定的施工组织设计文件组织施工。

3．现场施工准备的质量控制

（1）查验承包单位的测量放线。施工测量放线是建设工程产品形成的第一步，其质量好坏直接影响工程产品的质量，并且制约着施工过程中相关工序的质量。因此，工程测量控制是施工中事前质量控制的一项基础工作。监理工程师应将其作为保证工程质量的一项重要的内容，在监理工作中，应进行工程测量的复核控制工作。专业监理工程师应按以下要求对承包单位报送的测量放线成果及保护措施进行检查，符合要求时，专业监理工程师对承包单位报送的施工测量成果报验申请予以签认。

1）检查承包单位专职测量人员的岗位证书及测量设备检定证书。

2）复核控制桩的校核成果、控制桩的保护措施以及平面控制网、高程控制网和临时水准点的测量成果。

（2）施工平面布置的检查。为了保证承包单位能够顺利地施工，监理工程师应检查施工现场总体布置是否合理，是否有利于保证施工的顺利进行，是否有利于保证施工质量，特别是要对场区的道路、消防、防洪排水、设备存放、供电、给水、混凝土搅拌及主要垂直运输机械设备布置等进行重点检查。

（3）工程材料、半成品、构配件报验的签认。工程中需要的原材料、半成品、构配件等都将构成为工程的组成部分。其质量的好坏直接影响到建筑产品的质量，因此事先对其质量进行严格控制很有必要。

（4）检查进场的主要施工设备。施工机械设备是影响施工质量的重要因素。除应检测其技术性能、工作效率、工作质量、安全性能外，还应考虑其数量配置对施工质量的影响与保证条件。

1）监理工程师应审查施工现场主要设备的规格、型号是否符合施工组织设计的要求。例如选择起重机械进行吊装施工时，其起重量、起重高度及起重半径均应满足吊装要求。

2）监理工程师应审查施工机械设备的数量是否足够。例如在大规模的混凝土灌注时，是否有备用的混凝土搅拌机和振捣设备，以防止由于机械发生故障使混凝土浇筑工作中断等。

3）对需要定期检定的设备应检查承包单位提供的检定证明。如测量仪器、检测仪器、磅秤等应按规定进行。

（5）审查主要分部（分项）工程施工方案。

1）对某些主要分部（分项）工程，项目监理部可规定承包单位在施工前针对施工工艺、原材料使用、劳动力配置、质量保证措施等情况编写专项施工方案，填《施工组织设计（方案）报审表》，报项目监理部审定。

2）承包单位应将季节性的施工方案（冬施、雨施等），提前填《施工组织设计（方案）报审表》，报项目监理部审定。

4．审查现场开工条件与签发开工报告

监理工程师应审查承包单位报送的工程开工报审表及相关资料，具备开工条件时，由总监理工程师签发，并报建设单位。主要审查的内容为：

1）施工许可证已获政府主管部门批准。

2）征地拆迁工作能满足工程进度的需要。

3）施工组织设计已获总监理工程师批准。

4）承包单位现场管理人员已到位，机具、施工人员已进场，主要工程材料已落实。

5）进场道路及水、电、通信已满足开工条件。

4.2.5.7 施工过程的质量控制

1. 施工过程质量监理程序

施工阶段的监理是对建设工程产品生产全过程的监控，监理工程师要做到全过程监理、全方位控制，重点部位及重点工序应重点控制，尤其应重点控制各工序之间的交接。过程控制中应坚持上道工序被确认质量合格后，才能准许进行下道工序施工的原则，如此循环，每一道合格的工序均被确认。当一个检验批、分项工程、分部工程施工完工后，承包单位应自检，自检合格后向监理单位申报验收，由监理单位组织相关单位验收，工程的阶段验收均需参加验收的各方签字确认后方可继续下面的工作，不合格的应停工整改，待再次验收合格后继续施工。当单位工程或施工项目完成后，承包单位提出竣工报告，由建设单位主持勘察单位、设计单位、监理单位、施工单位进行验收并向建设行政管理部门备案。

2. 施工过程质量控制的方法与手段

（1）利用施工文件控制。

1）审查承包单位的技术文件。事前控制的主要内容是要审查承包单位的技术文件。需要审查的文件有设计图纸、施工方案、分包申请、变更申请、质量问题与质量事故处理方案、各种配合比、测量放线方案、试验方案、验收报告、材料证明文件、开工申请等，通过审查这些文件的正确性、可靠性来保证工程的顺利开展。

2）下达指令性文件。下达指令性文件是运用监理工程师指令控制权的具体形式。在施工过程中，如发现施工方法与施工方案不符、所使用的材料与设计要求不符、施工质量与规范标准不符、施工进度与合同要求不符等，监理工程师有权下达指令性文件，令其改正。这些文件包括：监理通知、工程暂停令。

3）审核作业指导书。施工组织设计（方案）是保证工程施工质量的纲领性文件。作业指导书（技术交底）是对施工组织设计或施工方案的具体化，是更细致、明确、具体的技术实施方案，是工序施工或分项工程施工的具体指导性文件。作业指导书要紧紧围绕与具体施工有关的操作者、机械设备、使用的材料、构配件、工艺、工法、施工环境、具体管理措施等方面进行，要明确做什么、谁来做、如何做、作业标准和要求、什么时间完成等。为保证每一道工序的施工质量，每一分项工程开始实施前均要进行交底。技术交底的内容包括：施工方法、质量要求和验收标准，施工过程中注意的问题，可能出现意外情况，应采取的措施与应急方案。

（2）应用支付手段控制。支付手段控制是业主按监理委托合同赋予监理工程师的控制权。支付控制权，是指对施工承包单位支付任何工程款项均需由监理工程师开具支付证明书，没有监理工程师签署的支付证书，业主不得向承包方支付工程款。而工程款支付的条件之一就是工程质量要达到施工质量验收规范以及合同规定的要求。如果承包单位的工程质量达不到要求的标准，又不能按监理工程师的指示予以处理，使之达到要求的标准，监理工程师有权采取拒绝开具支付证书的手段，停止对承包单位支付部分或全部工程款，由此造成的损失由承包单位负责。监理工程师可以使用计量支付控制权来保障工程质量，这是十分有效的控制和约束手段。

（3）采用现场监理的方法。

1）现场巡视。现场巡视是监理人员最常用的手段之一，通过巡视，一方面掌握正在施工的工程质量情况；另一方面掌握承包单位的管理体系是否运转正常。具体方法是通过目视或常用工具检查施工质量如用百格网检查砌砖的砂浆饱满度，用坍落度筒检测混凝土的坍落度，用尺子检测桩机的钻头直径以保证基桩直径等。在施工过程中发现偏差，及时纠正，并指令施工单位处理。

2）旁站监理。旁站监理也是现场监理人员经常采用的一种检查形式。对于房屋建筑工程，其基础工程的关键部位和关键工序包括：土方回填，混凝土灌注桩浇筑，地下连续墙、土钉墙、后浇带及其他结构混凝土、防水混凝土浇筑，卷材防水层细部构造处理，钢结构安装；主体结构工程的关键部位和关键工序包括：梁柱节点钢筋隐蔽工程，混凝土浇筑，预应力张拉，装配式结构安装，钢结构安装，网架结构安装，索膜安装等。

3）平行检验。平行检验是指项目监理机构利用一定的检查或检测手段，在承包单位自检的基础上，按照一定的比例独立进行检查或检测的活动。

4）见证取样和送检见证试验。见证取样和送检是指在工程监理人员或建设单位驻工地人员的见证下，由施工单位的现场试验人员对工程中涉及结构安全的试块、试件和材料在现场取样，并送至经过省级以上建设行政主管部门计量认证的质量检测单位进行检测的行为。见证试验是指对在现场进行一些检验检测，由施工单位或检测机构进行检测，监理人员全过程进行见证并记录试验检测结果的行为。

（4）采用现场质量检查的方法。

1）目测法。目测法，即凭借感官进行检查，一般采用看、摸、敲、照等手法对检查对象进行检查。

"看"就是根据质量标准要求进行外观检查，如钢筋有无锈蚀、批号是否正确，水泥的出厂日期、批号、品种是否正确，构配件有无裂缝，清水墙表面是否洁净，油漆或涂料的颜色是否良好、均匀，工人的施工操作是否规范，混凝土振捣是否符合要求等。

"摸"就是通过触摸手感进行检查、鉴别，如油漆的光滑度，浆活是否牢固、不掉粉，模板支设是否牢固，钢筋绑扎是否正确等。

"敲"就是运用敲击方法进行声感检查，如，可通过敲击检查对墙面瓷砖、大理石镶贴、地砖铺砌等的质量进行检查，根据声音虚实、脆闷判断有无空鼓等质量问题。

"照"就是通过人工光源或反射光照射，仔细检查难以看清的部位，如构件的裂缝宽度、孔隙大小等。

2）量测法。就是利用量测工具或计量仪表，通过实际量测结果与规定的质量标准或规范的要求相对照，从而判断质量是否符合要求。量测的手法包括：靠、吊、量、套。

"靠"是用直尺、塞尺检查诸如地面、墙面的平整度等。一般选用2m靠尺，在缝隙较大处插入塞尺，测出平整度差的大小。

"吊"是指用铅直线检查垂直度，如检测墙、柱的垂直度等。

"量"是指用量测工具或计量仪表等检测轴线尺寸、断面尺寸、标高、温度、湿度等数值并确定其偏差，例如室内墙角的垂直度、门窗的对角线、摊铺沥青拌和料的温度等。

"套"是指以方尺套方辅以塞尺，检查踢角线的垂直度、预制构件的方正、门窗口及构件的对角线等。

3）试验法。通过现场取样并送试验室进行试验取得有关数据，分析判断质量是否合格。

力学性能试验，如测定抗拉强度、抗压强度、抗弯强度、抗折强度、冲击韧性、硬度、承载力等。

物理性能试验，如测定比重、密度、含水量、凝结时间、安定性、抗渗性、耐磨性、耐热性、隔音性能等。

化学性能试验，如材料的化学成分（钢筋的磷、硫含量等）、耐酸性、耐碱性、抗腐蚀等。

无损测试，如超声波探伤检测、磁粉探伤检测、X射线探伤检测、γ射线探伤检测、渗透液探伤检测、低应变检测桩身完整性等。

3. 施工活动前的质量控制（质量预控）

（1）质量控制点的设置。

1）质量控制点的概念。质量控制点是指为了保证施工质量而确定的重点控制对象，包括重要工序、关键部位和薄弱环节。质量控制人员在分析项目的特点之后，把影响工序施工质量的主要因素、对工程质量危害大的环节等事先列出来，分析影响质量的原因，并提出相应的措施，以便进行预控。

在国际上质量控制点又根据其重要程度分为见证点（Witness Point）、停止点（Hold Point）和旁站点（Stand Point）。

见证点（或截留点）也称为W点。凡是列为见证点的质量控制对象，在规定的关键工序（控制点）施工前，施工单位应提前通知监理人员在约定的时间内到现场进行见证和对其施工实施监督。如果监理人员未能在约定的时间内到现场见证和监督，则施工单位有权进行该W点的相应的工序操作和施工。工程施工过程中的见证取样和重要的试验等应作为见证点来处理。监理工程师收到通知后，应按规定的时间到现场见证。对该质量控制点的实施过程进行认真的监督、检查，并在见证表上详细记录该项工作所在的建筑物部位、工作内容、数量、质量等后签字，作为凭证。如果监理人员在规定的时间未能到场见证，施工单位可以认为已获监理工程师认可，有权进行该项施工。

停止点也称为"待检点"或H点，其重要性高于见证点。停止点是指那些施工过程或工序施工质量不易或不能通过其后的检验和试验而充分得到验证的"特殊工序"。凡列为停止点的控制对象，要求必须在规定的控制点到来之前通知监理人员对控制点实施监控，如果监理人员未在约定的时间到现场监督、检查，施工单位应停止进入该停止点相应的工序，并按合同规定等待监理人员，未经认可不能越过该点继续活动。所有的隐蔽工程验收点都是停止点。另外，某些重要的工序如预应力钢筋混凝土结构或构件的预应力张拉工序，某些重要的钢筋混凝土结构在钢筋安装后、混凝土浇筑之前，重要建筑物或结构物的定位放线后，重要的重型设备基础预埋螺栓的定位等均可设置停止点。

旁站点也称为S点，是指监理人员在房屋建筑工程施工阶段监理中，对关键部位、关键工序的施工质量实施全过程现场跟班的监督活动，如混凝土灌注，回填土等工序。

2）控制点选择的一般原则。可作为质量控制点的对象涉及面广，它可能是技术要求高、施工难度大的结构部位，也可能是影响质量的关键工序、操作或某一环节，也可以是施工质量难以保证的薄弱环节，还可能是新技术、新工艺、新材料的部位。具体包括以下内容。

施工过程中的关键工序或环节以及隐蔽工程，如预应力张拉工序、钢筋混凝土结构中的钢筋绑扎工序。

施工中的薄弱环节或质量不稳定的工序、部位或对象，例如地下防水工程、屋面与卫生间防水工程。

对后续工程施工或安全施工有重大影响的工序，例如原配料质量、模板的支撑与固定等。

采用新技术、新工艺、新材料的部位或环节。

施工条件困难或技术难度大的工序，例如复杂曲线模板的放样等。

3）常见控制点设置。一般工程的质量控制点设置位置见表 4.3。

表 4.3　　　　　　　　　　质量控制点的设置位置

分 项 工 程	质 量 控 制 点
测量定位	标准轴线桩、水平桩、龙门板、定位轴线
地基、基础	基坑（槽）尺寸、标高，土质，地基承载力，基础垫层标高，基础位置、尺寸、标高，预留洞孔、预埋件的位置、规格、数量，基础墙皮数杆及标高、杯底弹线
砌体	砌体轴线，皮数杆，砂浆配合比，预留洞孔，预埋件位置、数量，砌块排列
模板	模板位置、尺寸、标高，预埋件位置，预留洞孔尺寸、位置，模板强度及稳定性，模板内部清理及润湿情况
钢筋混凝土	水泥品种、强度等级，砂石质量，混凝土配合比，外加剂比例，混凝土振捣，钢筋品种、规格、尺寸、接头、预留洞（孔）及预埋件规格、数量和尺寸等，预制构件的吊装等
吊装	吊装设备、吊具、索具、地锚
钢结构	翻样图、放大样、胎模与胎架、连接形式的要点（焊接及残余变形）
装修	材料品质、色彩、各种工艺

一般工程隐蔽验收见表 4.4。

表 4.4　　　　　　　　　　一 般 工 程 隐 蔽 验 收

分 项 工 程	质 量 控 制 点
土方	基坑（槽或管沟）开挖，排水盲沟设置情况，填方土料，冻土块含量及填土压实试验记录
地基与基础工程	基坑（槽）底土质情况，基底标高及宽度，对不良基土采取的处理情况，地基夯实施工记录，桩施工记录及桩位竣工图
砖体工程	基础砌体，沉降缝，伸缩缝和防震缝，砌体中配筋
钢筋混凝土工程	钢筋的品种、规格、形状尺寸、数量及位置，钢筋接头情况，钢筋除锈情况，预埋件数量及其位置，材料代用情况
屋面工程	保温隔热层、找平层、防水层

分 项 工 程	质 量 控 制 点
地下防水工程	卷材防水层及沥青胶结材料防水层的基层,防水层被土、水、砌体等掩盖的部位,管道设备穿过防水层的封固处
地面工程	地面下的基土;各种防护层以及经过防腐处理的结构或连接件
装饰工程	各类装饰工程的基层情况
管道工程	各种给、排水,暖、卫暗管道的位置、标高、坡度、试压通水试验、焊接、防腐、防锈保温及预埋件等情况
电气工程	各种暗配电气线路的位置、规格、标高、弯度、防腐、接头等情况,电缆耐压绝缘试验记录,避雷针的接地电阻试验
其他	完工后无法进行检查的工程,重要结构部位和有特殊要求的隐蔽工程

4)质量控制点的设置目的。设置质量控制点是保证达到施工质量要求的必要前提。在工程开工前,监理工程师就明确提出要求,要求承包单位在工程施工前根据施工过程质量控制的要求列出质量控制点明细表,表中详细地列出各质量控制点的名称或控制内容、检验标准及方法等,提交监理工程师审查批准后,在此基础上实施质量预控。监理工程师在拟定质量控制工作计划时,应予以详细地考虑,并以制度来保证落实。

5)质量控制点的控制重点。影响工程施工质量的因素有许多种,对质量控制点的控制重点有以下几方面。

人的行为。人是影响施工质量的第一因素。如对高空、水下、危险作业等,对人的身体素质或心理应有相应的要求;对技术难度大或精度要求高的作业,如复杂模板放样、精密的设备安装应对人的技术水平均有相应的要求。

物的状态。组成工程的材料性能、施工机械或测量仪器是直接影响工程质量和安全的主要因素,应予以严格控制。

关键的操作。如预应力钢筋的张拉工艺操作过程及张拉力的控制是可靠地建立预应力值和保证预应力构件质量的关键过程。

技术参数。如对回填地基土进行压实时,填料的含水量、虚铺厚度与碾压遍数等参数是保证填方质量的关键。

施工顺序。对于某些工序必须严格控制各作业之间的顺序,如对于冷拉钢筋应当先对焊、后冷拉,否则会失去冷拉强度;对于屋架固定一般应采取对角同时施焊,以免焊接应力使已校正的屋架发生变形等。

技术间歇。有些作业之间需要有必要的技术间歇时间,如砖墙砌筑与抹灰工序之间,以及抹灰与粉刷或喷涂之间均应保证有足够的间歇时间;混凝土浇筑后至拆模之间也应保持一定的间歇时间等。

新工艺、新技术、新材料的应用。由于缺乏经验,施工时可作为重点进行严格控制。

易发生质量通病的工序。例如防水层的铺设,管道接头的渗漏等。

对工程质量影响重大的施工方法。如液压滑模施工中的支承杆失稳问题、升板法施工中提升差的问题等,都是一旦施工不当或控制不严即可能引起重大质量事故的问题,也应作为质量控制的重点。

特殊地基或特种结构。如湿陷性黄土、膨胀土等特殊土地基的处理，大跨度和超高结构等难度大的施工环节和重要部位等都应予以特别重视。

（2）审查作业指导书。分项工程施工前，承包单位应将作业指导书报监理工程师审查。无作业指导书或作业指导书未经监理工程师批准，相应的工序或分项工程不得进入正式施工。承包单位强行施工，可视为擅自开工，监理工程师有权令其停止该分项的施工。

（3）测量器具精度与实验室条件的控制。

1）施工测量开始前，监理工程师应要求承包单位报验测量仪器的型号、技术指标、精度等级、计量部门的检定证书，测量人员的上岗证明，监理工程师审核确认后，方可进行正式测量作业。在施工过程中，监理工程师也应定期与不定期地检查计量仪器、测量设备的性能、精度状况，保证其处于良好的状态之中。

2）工程作业开始前，监理部应要求承包单位报送试验室（或外委试验室）的资质证明文件，列出本试验室所开展的试验、检测项目、主要仪器、设备；法定计量部门对计量器具的检定证明文件；试验检测人员上岗资质证明；试验室管理制度等。监理工程师也应到实验室考核，确认能满足工程质量检验要求，则予以批准，同意使用，否则，承包单位应进一步完善、补充，在未得到监理工程师同意之前，试验室不得从事该工程项目的试验工作。

（4）劳动组织与人员资格控制。开工前监理工程师应检查承包单位的人员与组织，其内容包括相关制度是否健全，如各类人员的岗位职责、现场的安全消防规定、紧急情况的应急预案等，并应有措施保证其能贯彻落实。

应检查管理人员是否到位、操作人员是否持证上岗。如技术负责人、专职质检人员、安全员、测量人员、材料员、试验员必须在岗；特殊作业的人员（如电焊工、电工、起重工、架子工、爆破工）必须持证上岗。

4．施工活动过程中的质量控制

（1）坚持质量跟踪监控。在施工活动过程中，监理工程师应对施工现场有目的地进行巡视检查和旁站，必要时进行平行检查。在巡视过程中发现和及时纠正施工中所发生的不符合要求的问题。应对施工过程的关键工序、特殊工序、重点部位和关键控制点进行旁站。对所发现的问题应先口头通知承包单位改正，然后应由监理工程师签发《监理通知》，承包单位应将整改结果书面回复，监理工程师进行复查。

（2）抓好承包单位的自检与专检。承包单位是施工质量的直接实施者和责任者，有责任保证施工质量合格。监理工程师的质量检查与验收，是对承包单位作业活动质量的复核与确认，但决不能代替承包单位的自检，而且，监理工程师的检查必须是在承包单位自检并确认合格的基础上进行的。专职质检员没有检查或检查不合格不能报监理工程师，否则监理工程师有权拒绝进行检查。

（3）技术复核与见证取样。为确保工程质量，建设部规定，在市政工程及房屋建筑工程项目中，对工程材料、承重结构的混凝土试块，承重墙体的砂浆试块、结构工程的受力钢筋（包括接头）实行见证取样。见证取样的频率，国家或地方主管部门有规定的，执行相关规定；施工承包合同中如有明确规定的，执行施工承包合同的规定。见证取样的频率和数量，包括在承包单位自检范围内，一般所占比例为30%。

（4）工程变更控制。施工过程中，由于勘察设计的原因，外界自然条件的变化，施工工艺方面的限制，或建设单位要求的改变都会引起工程变更。工程变更的要求可能来自建设单位、设计单位或施工承包单位。变更以后，往往会引起质量、工期、造价的变化，也可能导致索赔。所以，无论哪一方提出的工程变更要求，都应持十分谨慎的态度。在工程施工过程中，无论是建设单位或者施工及设计单位提出的工程变更或图纸修改，都应通过监理工程师审查并经有关方面研究，确认其必要性后，由总监理工程师发布变更指令，方能生效并予以实施。

（5）工地例会管理。工地例会是施工过程中参建各方沟通情况、解决分歧、达成共识、做出决定的主要方式，通过工地例会，监理工程师检查分析施工过程的质量状况，指出存在的问题，承包单位提出整改的措施，并做出相应的保证。例会应由总监理工程师主持。会议纪要应由项目监理机构负责起草，并经与会各方代表会签。

（6）停工令、复工令的应用。根据委托监理合同中建设单位对监理工程师的授权，出现下列情况时，总监理工程师有权行使质量控制权，下达停工令，及时进行质量控制。

1）施工中出现质量异常情况，经监理提出后，承包单位未采取有效措施，或措施不力。

2）隐蔽工程未按规定查验确认合格而擅自封闭。

3）已发生质量问题，但迟迟未按监理工程师要求进行处理，或者是已发生质量缺陷或问题，如不停工则质量缺陷或问题将继续发展的情况。

4）未经监理工程师审查同意，而擅自变更设计或修改图纸进行施工。

5）未经技术资质审查的人员或不合格人员进入现场施工。

6）使用的原材料、构配件不合格或未经检查确认，或擅自采用未经审查认可的代用材料。

7）擅自使用未经项目监理部审查认可的分包单位进场施工。

承包单位经过整改具备恢复施工条件时，向项目监理机构报送复工申请及有关材料，证明造成停工的原因已消失。经监理工程师现场复查，认为已符合继续施工的条件，造成停工的原因确已消失，总监理工程师应及时签署工程复工报审表，指令承包单位继续施工。

应该注意的是：总监下达停工指令及复工指令，宜事先向建设单位报告。

5．施工活动结果的质量控制

要保证最终单位工程产品的合格，必须使每道工序及各个中间产品均符合质量要求。在土建工程中施工活动结果一般包括：基槽（基坑）验收，隐蔽工程验收，工序交接，检验批、分项工程、分部工程验收，单位工程或整个工程项目的竣工验收。

（1）基槽（基坑）验收。基槽（开挖）是地基与基础施工中的一个关键工序，对后续工程质量影响大，一般作为一个检验批进行质量验收，有专用的验收表格。基槽（基坑）开挖质量验收主要涉及地基承载力和地质条件的检查确认，所以基槽开挖验收均要有勘察设计单位的有关人员参加，并请当地或主管质量监督部门参加，经现场检查，测试（或平行检测）确认其地基承载力是否达到设计要求，地质条件是否与设计相符。如相符，则共同签署验收资料，如达不到设计要求或与勘察设计资料不符，则应采取措施进一步处理或变更工程，由原设计单位提出处理方案，经承包单位实施完毕后重新验收。

（2）隐蔽验收。隐蔽工程验收是指将被后续工程施工所覆盖的分项工程、分部工程，在隐蔽前所进行的检查验收。由于其检查对象将要被后续工程所覆盖，给以后的检查整改造成障碍，所以它是质量控制的一个关键过程，一般有专用的隐蔽验收表格。

隐蔽验收项目应在监理规划中列出，比如：基槽开挖及地基处理；钢筋混凝土中的钢筋工程，埋入结构中的避雷导线，埋入结构中的工艺管线，埋入结构中的电气管线，设备安装的二次灌浆，基础、厕浴间、屋顶防水，装修工程中吊顶龙骨及隔墙龙骨，预制构件的焊（连）接，隐蔽的管道工程水压试验或闭水试验等。

隐蔽工程施工完毕，承包单位应先进行自检，自检合格后，填写《报验申请表》，附上相应的或隐蔽工程检查记录及有关材料证明、试验报告、复试报告等，报送项目监理机构。监理工程师收到报验申请后首先对质量证明资料进行审查，并按规定时间与承包单位的专职质检员及相关施工人员一起到现场检查，如符合质量要求，监理工程师在《报验申请表》及隐蔽工程检查记录上签字确认，准予承包单位隐蔽、覆盖，进入下一道工序施工。否则，指令承包单位整改，整改后，自检合格再报监理工程师复验。

（3）工序交接。工序交接是指作业活动中一种作业方式的转换及作业活动效果的中间确认，也包括相关专业之间的交接。通过工序交接的检查验收或办理交接手续，保证上道工序合格后方可进入下道工序，使各工序间和相关专业工程之间形成一个有机整体，也使各工序的相关人员担负起各自的责任。

（4）检验批、分项工程、分部工程验收。检验批、分项工程、分部工程完成后，承包单位应先自行检查验收，确认合格后向监理工程师提交验收申请，由监理工程师予以检查、确认。如确认其质量符合要求，则予以确认验收。如有质量问题则指令承包单位进行处理，待质量合乎要求后再予以检查验收。对涉及结构安全和使用功能的重要分部工程应进行抽样检测。

（5）单位工程或整个工程项目的竣工验收。一个单位工程或整个工程项目完成后，承包单位应先进行竣工自检，自验合格后，向项目监理机构提交《工程竣工报验单》，总监理工程师组织专业监理工程师进行竣工初验，初验合格后，总监理工程师对承包单位的《工程竣工报验单》予以签认，并上报建设单位，同时提出"工程质量评估报告"。由建设单位组织竣工验收。监理单位参加由建设单位组织的正式竣工验收。

1）初验应检测的内容。审查施工承包单位所提交的竣工验收资料，包括各种质量控制资料、安全和功能检测资料及各种有关的技术性文件等。

审核承包单位提交的竣工图，并与有关的技术文件（如图纸、工程变更文件、施工记录及其他文件）对照进行核查。

总监理工程师组织专业监理工程师对拟验收工程项目的现场进行检查，如发现质量问题应指令承包单位进行处理。

2）工程质量评估报告。工程质量评估报告是监理单位对所监理的工程的最终评价，是工程验收中的重要资料，它由项目总监理工程师和监理单位技术负责人签署。主要包括以下主要内容：

工程项目建设概况介绍，参加各方的单位名称、负责人。

工程检验批、分项工程、分部工程、单位工程的划分情况。

工程质量验收标准，各检验批、分项工程、分部工程质量验收情况。

地基与基础分部工程中，涉及桩基工程的质量检测结论，基槽承载力检测结论，涉及结构安全及使用功能的检测结论，建筑物沉降观测资料。

施工过程中出现的质量事故及处理情况，验收结论。

本工程项目（单位工程）是否达到合同约定，是否满足设计文件要求，是否符合国家强制性标准及条款的规定。

4.2.5.8　建筑工程施工质量验收

工程施工质量验收是工程建设质量控制的一个重要环节，包括工程施工质量的中间验收和竣工验收两个方面。通过对工程建设中间产出品和最终产品的质量把关验收，以确保达到业主所要求的功能和使用价值，实现建设投资的经济效益和社会效益。

1. 建筑工程质量验收规范体系简介

建筑工程施工质量验收统一标准的编制依据，主要是《建筑法》、《建设工程质量管理条例》、《建筑结构可靠度设计统一标准》及其他有关设计规范等。

2. 施工质量验收的术语与基本规定

（1）施工质量验收的术语。

1）验收。建筑工程在施工单位自行质量检查评定的基础上，参与建筑活动的有关单位共同对检验批、分项工程、分部工程、单位工程的质量进行抽样检查，根据相关标准以书面形式对工程质量达到合格与否做出确认。

2）检验批。按同一的生产条件或按规定的方式汇总起来供检验用的，由一定数量样本组成的检验体。检验批是施工质量验收的最小单位，是分项工程乃至整个建筑工程质量验收的基础。

3）主控项目。建筑工程中对安全、卫生、环境保护和公众利益起决定性作用的检验项目。如混凝土工程中受力钢筋的品种、级别、规格、数量和连接方式必须符合设计要求，纵向受力钢筋连接方式应符合设计要求。

4）一般项目。除主控项目以外的检验项目。如钢筋的接头宜设置在受力较小处。同一纵向受力钢筋不宜设置两个或两个以上接头。接头末端至钢筋弯起点的距离不应小于钢筋直径的10倍，钢筋应平直、无损伤，表面不得有裂纹、油污、颗粒状或片状老锈等都是一般项目。

5）观感质量。通过观察和必要的量测所反映的工程外在质量。

6）返修。对工程不符合标准规定的部位采取整修等措施。

7）返工。对不合格的工程部位采取的重新制作、重新施工等措施。

（2）施工现场质量管理要求。建筑工程的质量控制应为全过程控制。施工现场质量管理应有相应的施工技术标准、健全的质量管理体系、施工质量检验制度和综合施工质量水平评价考核制度，并做好施工现场质量管理检查记录。

施工现场质量管理检查记录应由施工单位按要求填写，总监理工程师（建设单位项目负责人）进行检查，并做出检查结论。

（3）施工质量控制规定。

1）建筑工程采用的主要材料、半成品、成品、建筑构配件、器具和设备应进行现场验收。凡涉及安全、功能的有关成品，应按各专业工程质量验收规范规定进行复验，并应经监理工程师（建设单位技术负责人）检查认可。

2）各工序应按施工技术标准进行质量控制，每道工序完成后，应进行检查。

3）相关各专业工种之间，应进行交接检查，并形成记录。未经监理工程师（建设单位负责人）检查认可，不得进行下道工序施工。

（4）施工质量验收要求。

1）建筑工程施工质量应符合《建筑工程施工质量验收统一标准》和相关专业验收规范的规定。

2）建筑工程施工应符合工程勘察、设计文件的要求。

3）参加工程施工质量验收的各方人员应具备规定的资格。

4）工程质量的验收均应在施工单位自行检查评定的基础上进行。

5）隐蔽工程在隐蔽前应由施工单位通知有关单位进行验收，并应形成验收文件。

6）涉及结构安全的试块、试件以及有关材料，应按规定进行见证取样检测。

7）检验批的质量应按主控项目和一般项目验收。

8）对涉及结构安全和使用功能的重要分部工程应进行抽样检测。

9）承担见证取样检测及有关结构安全检测的单位应具有相应资质。

10）工程的观感质量应由验收人员进行现场检查，并应共同确认。

3．建筑工程质量验收的划分

建筑工程施工质量验收涉及建筑工程施工过程控制和竣工（最终）验收控制，均是工程施工质量控制的重要环节，另外，随着经济发展和施工技术进步，建筑规模较大的单体工程和具有综合使用功能的综合性建筑物比比皆是。有时投资者为追求最大的投资效益，在建设期间，需要将其中一部分提前建成使用。因此，合理划分建筑工程施工质量验收层次就显得非常必要。

建筑工程质量验收应划分为单位（子单位）工程、分部（子分部）工程、分项工程和检验批。

（1）单位工程的划分。单位工程的划分应按下列原则确定。

1）具备独立施工条件并能形成独立使用功能的建筑物及构筑物为一个单位工程。如一个单位的办公楼、某城市的广播电视塔等。

2）规模较大的单位工程，可将其能形成独立使用功能的部分划分为一个子单位工程。一些具有独立施工条件和能形成独立使用功能的子单位工程划分，在施工前由建设、监理、施工单位自行商议确定，并据此收集整理施工技术资料和验收。

（2）分部工程的划分。分部工程的划分应按下列原则确定。

1）分部工程的划分应按专业性质、建筑部位确定。如建筑工程划分为地基与基础、主体结构、建筑装饰装修、建筑屋面、建筑给水排水及采暖、建筑电气、智能建筑、通风与空调、电梯等九个分部工程。对于大型工业建筑，应根据行业特点来划分。

2）当分部工程较大或较复杂时，可按施工程序、专业系统及类别等划分为若干个子分部工程。如智能建筑分部工程中就包含了火灾及报警消防联动系统、安全防范系统、综合布线系统、智能化集成系统、电源与接地、环境、住宅（小区）智能化系统等子分部工程。

（3）分项工程的划分。分项工程应按主要工种、材料、施工工艺、设备类别等进行划分。如混凝土结构工程中按主要工种分为模板工程、钢筋工程、混凝土工程等分项工程；按施工工艺又分为预应力现浇混凝土结构、装配式结构等分项工程。

（4）检验批的划分。分项工程可由一个或若干个检验批组成，检验批可根据施工及质量控制和专业验收需要按楼层、施工段、变形缝等进行划分。如一栋6层住宅建筑主体结构的钢筋分项工程最少按6个检验批来进行验收。

（5）室外工程的划分。室外工程可根据专业类别和工程规模划分单位（子单位）工程、分部（子分部工程）。

4. 建筑工程施工质量验收

（1）检验批的质量验收。

1）检验批的合格规定。主控项目和一般项目的质量经抽样检验合格。具有完整的施工操作依据、质量检查记录。

2）检验批的验收。检验批的验收是建筑工程验收中最基本的验收单元。质量验收包括了质量资料检查和主控项目与一般项目的检验两个方面的内容。

a. 资料检查。质量控制资料反映了检验批从原材料到验收的各施工工序的施工操作依据，其完整性是检验批合格的前提。一般包括：图纸会审、设计变更、洽商记录，建筑材料、成品、半成品、建筑构配件、器具和设备的质量证明书及进场检（试）验报告，工程测量、放线记录，按专业质量验收规范规定的抽样检验报告，隐蔽工程检查记录，施工过程记录和施工过程检查记录，新材料、新技术、新工艺的施工记录，质量管理资料和施工单位操作依据等。

b. 主控项目与一般项目的检验。检验批的质量合格与否主要取决于对主控项目和一般项目的检验结果。主控项目是对检验批的质量起决定性影响的检验项目，因此必须全部符合有关专业工程验收规范的规定。主控项目的检查具有否决权，不允许有不符合要求的检验结果，如钢筋安装检验批中钢筋安装时，受力钢筋的品种、级别、规格和数量必须符合设计要求，如不符合，本检验批即不符合质量要求，不可验收。一般项目则应满足规范要求，如受力钢筋间距一项，检查10处，其偏差在±10mm以内的点大于80%，其中超差点的超差量小于容许偏差的150%，即本项合格。

（2）分项工程质量验收。

1）分项工程质量合格标准。分项工程所含的检验批均应符合合格质量规定，分项工程所含的检验批的质量验收记录应完整。

2）分项工程验收。一般情况下，分项工程与检验批两者性质相同或相近，只是批量的大小不同，分项工程的验收在检验批验收合格的基础上进行。因此，只要构成分项工程的各检验批的验收资料文件完整，并且均已验收合格，则分项工程验收合格。

（3）分部（子分部）工程质量验收。

1）分部（子分部）工程质量合格标准。分部（子分部）工程所含分项工程的质量均应验收合格，质量控制资料应完整，地基与基础、主体结构和设备安装等分部工程有关安全及功能的检验和抽样检测结果应符合有关规定，观感质量验收应符合要求。

2）分部（子分部）工程验收。部工程的验收在其所含各分项工程验收的基础上进行。首先，分部工程的各分项工程必须已验收合格，且相应的质量控制资料文件必须完整，这是验收的基本条件。其次，由于各分项工程的性质不尽相同，因此作为分部工程不能简单地组合而加以验收，尚须增加以下两类检查。

涉及安全和使用功能的地基基础、主体结构、有关安全及重要使用功能的安装分部工程应进行有关见证取样送样试验或抽样检测。观感质量验收检查往往难以定量，只能以观察、触摸或简单量测的方式进行，并由各个人的主观印象判断，检查结果并不给出"合格"或"不合格"的结论，而是综合给出质量评价，如"好"、"一般"、"差"。对于"差"的检查点应通过返修处理等补救。

（4）单位（子单位）工程质量验收。

1）单位（子单位）质量合格标准。单位（子单位）工程所含分部（子分部）工程的质量应验收合格，质量控制资料应完整，单位（子单位）工程所含分部工程有关安全和功能的检验资料应完整，主要功能项目的抽查结果应符合相关专业质量验收规范的规定，观感质量验收应符合要求。

2）单位（子单位）工程验收。单位工程质量验收也称质量竣工验收，是建筑工程投入使用前的最后一次验收，也是最重要的一次验收。验收合格的条件有五个，除构成单位工程的各分部工程应该合格，并且有关的资料文件应完整以外，还须进行以下三方面的检查。首先，涉及安全和使用功能的分部工程应进行检验资料的复查，不仅要全面检查其完整性（不得有漏检缺项），而且对分部工程验收时补充进行的见证抽样检验报告也要复核，这种强化验收的手段体现了对安全和主要使用功能的重视。其次，对主要使用功能还须进行抽查，使用功能的检查是对建筑工程和设备安装工程最终质量的综合检验，也是用户最为关心的内容。因此，在分项、分部工程验收合格的基础上，竣工验收时再作全面检查。抽查项目是在检查资料文件的基础上由参加验收的各方人员商定，并用计量、计数的抽样方法确定检查部位；检查要求按有关专业工程施工质量验收标准的要求进行。最后，还须由参加验收的各方人员共同进行观感质量检查。检查的方法、内容、结论等应在分部工程的相应部分中阐述，共同确定是否通过验收。

（5）施工质量不符合要求时的处理。一般情况下，不合格现象在最基层的验收单位，即检验批时就应发现并及时处理，否则将影响后续检验批和相关的分项工程、分部工程的验收。因此所有质量隐患必须尽快消灭在萌芽状态，这也是以强化验收促进过程控制原则的体现。非正常情况按下列情况进行处理。

1）经返工重做或更换器具、设备检验批，应重新进行验收。在检验批验收时，其主控项目不能满足验收规范规定或一般项目超过偏差限值的子项不符合检验规定的要求时，应及时进行处理。其中，严重的缺陷应推倒重来；一般的缺陷通过翻修或更换器具、设备予以解决，应允许施工单位在采取相应的措施后重新验收。如能够符合相应的专业工程质量验收规范，则应认为该检验批合格。

2）经有资质的检测单位鉴定达到设计要求的检验批，应予以验收。个别检验批发现试块强度等不满足要求等问题，难以确定是否验收时，应请具有资质的法定检测单位检测。当鉴定结果能够达到设计要求时，该检验批仍应认为通过验收。

3）经有资质的检测单位鉴定达不到设计要求但经原设计单位核算认可能满足结构安全和使用功能的检验批，可予以验收。一般情况下，规范标准给出了满足安全和功能的最低限度要求，而设计往往在此基础上留有一些余量。不满足设计要求和符合相应规范标准的要求，两者并不矛盾。

4）经返修或加固的分项工程、分部工程，虽然改变外形尺寸但仍能满足安全使用要求，可按技术处理方案和协商文件进行验收。更为严重的缺陷或者超过检验批的更大范围内的缺陷，可能影响结构的安全性和使用功能。若经法定检测单位检测鉴定以后认为达不到规范标准的相应要求，即不能满足最低限度的安全储备和使用功能，则必须按一定的技术方案进行加固处理，使之能保证其满足安全使用的基本要求。这样会造成一些永久性的缺陷，如改变结构外形尺寸，影响一些次要的使用功能等。为了避免社会财富遭受更大的损失，在不影响安全和主要使用功能条件下可按技术处理方案和协商文件进行验收，但不能作为轻视质量而回避责任的一种出路，这是应该特别注意的。

5）分部工程、单位（子单位）工程存在最为严重的缺陷，经返修或加固处理仍不能满足安全使用要求的，严禁验收。

5. **建筑工程施工质量验收的程序与组织**

（1）检验批及分项工程的验收。检验批及分项工程应由监理工程师（建设单位项目技术负责人）组织施工单位项目专业质量（技术）负责人等进行验收。检验批和分项工程是建筑工程质量基础，因此，所有检验批和分项工程均应由监理工程师或建设单位项目技术负责人组织验收。验收前，施工承包单位先填好检验批和分项工程的质量验收记录（有关监理记录和结论不填），并由项目专业质量检验员和项目专业技术负责人分别在检验批和分项工程质量检验记录中相关栏目签字，然后由监理工程师组织，严格按规定程序进行验收。

（2）分部工程的验收。分部工程应由总监理工程师（建设单位项目负责人）组织施工单位项目负责人和项目技术、质量负责人等进行验收。由于地基基础、主体结构技术性能要求严格，技术性强，关系到整个工程的安全，因此规定与地基基础、主体结构分部工程相关的勘察、设计单位工程项目负责人和施工单位技术、质量部门负责人也应参加相关分部工程验收。

（3）单位（子单位）工程的验收。一个单位工程竣工后，对满足生产要求或具备使用条件，施工单位已预验，监理工程师已初验通过的单位（子单位）工程，建设单位可组织进行验收。单位（子单位）工程的验收，一般应分为竣工初验与正式验收两个步骤。

1）竣工初验。当单位（子单位）工程达到竣工验收条件后，施工单位应进行自检，自检合格后填写工程竣工报验申请表，并将全部竣工资料报送项目监理机构，申请竣工验收。

总监理工程师应组织各专业监理工程师对竣工资料及各专业工程的质量情况进行全面检查，对检查出的问题，应督促施工单位及时整改。经项目监理机构对竣工资料及实物全面检查、验收合格后，由总监理工程师签署工程竣工报验单，并向建设单位提出质量评估报告。

2）正式验收。建设单位收到工程验收报告后，应由建设单位（项目）负责人组织施工（含分包单位）、设计、监理等单位（项目）负责人进行单位（子单位）工程验收。单位工程由分包单位施工时，分包单位对所承包的工程项目应按规定的程序检查评定，总包单位应派人参加。分包工程完成后，应将工程有关资料交总包单位。建设工程经验收合格的，方可交付使用。参加验收各方对工程质量验收意见不一致时，可请当地建设行政主管部门或工程质量监督机构协调处理。

建设工程竣工验收应当具备下列条件：完成建设工程设计和合同约定的各项内容，有完整的技术档案和施工管理资料，有工程使用的主要建筑材料、建筑构配件和设备的进场试验报告，有勘察、设计、施工、工程监理等单位分别签署的质量合格文件，有施工单位签署的工程保修书。

（4）单位工程竣工验收备案。单位工程质量验收合格后，建设单位应在规定时间内将工程竣工验收报告和有关文件，报建设行政管理部门备案。

4.2.5.9　工程质量问题与质量事故的处理

由于建筑工程具有建设工期长、所用材料品种多、影响因素复杂的特点，建设中往往会出现一些质量问题，甚至是质量事故。监理工程师应学会区分工程质量问题和质量事故，正确处理工程质量问题和质量事故。

1. 工程质量问题与质量事故

根据 1989 年建设部颁布的第 3 号令《工程建设重大事故报告和调查程序规定》和 1990 年建设部建工字第 55 号文件关于第 3 号部令有关问题的说明：凡是工程质量不合格，必须进行返修、加固或报废处理，由此造成直接经济损失低于 5000 元的称为质量问题；直接经济损失在 5000 元（含 5000 元）以上的称为工程质量事故。

2. 工程质量事故处理

（1）质量事故的分类。国家现行对工程质量通常按造成损失严重程度进行分类，其基本分类如下。

1）一般质量事故。直接经济损失在 5000 元（含 5000 元）以上，不满 50000 元的。影响使用功能和工程结构安全，造成永久质量缺陷的。

2）严重质量事故。直接经济损失在 50000 元（含 50000 元）以上，不满 10 万元的。严重影响使用功能或工程结构安全，存在重大质量隐患的。事故性质恶劣或造成 2 人以下重伤的。

3）重大质量事故。工程倒塌或报废；由于质量事故，造成人员死亡或重伤 3 人以上；直接经济损失 10 万元以上。

4）特别重大事故。根据国务院发布的《特别重大事故调查程序暂行规定》，凡具备下述情况之一者均属于特别重大事故：发生一次死亡 30 人及其以上，或直接经济损失达 500 万元及其以上，或其他性质特别严重。

（2）质量事故的处理程序。工程质量事故发生后，总监理工程师应签发《工程暂停令》，并要求停止进行质量缺陷部位和与其有关联部位及下道工序施工，应要求施工单位采取必要的措施，防止事故扩大并保护好现场。同时，要求质量事故发生单位迅速按类别和等级向相应的主管部门上报，并于 24 小时内写出书面报告。

监理工程师在事故调查组展开工作后，应积极协助，客观地提供相应证据，若监理方无责任，监理工程师可应邀参加调查组，参与事故调查；若监理方有责任，则应予以回避，但应配合调查组工作。

当监理工程师接到质量事故调查组提出的技术处理意见后，可组织相关单位研究，并责成相关单位完成技术处理方案，并予以审核签认。必要时，应委托法定工程质量检测单位进行质量鉴定或请专家论证，以确保技术处理方案可靠、可行、保证结构安全和使用功能。技术处理方案核签后，监理工程师应要求施工单位制定详细的施工方案，必要时应编制监理实施细则，对工程质量事故技术处理进行监理，技术处理过程中的关键部位和关键工序应进行旁站，并会同设计、建设等有关单位共同检查认可。

施工承包单位按方案处理完工后，应进行自检并报验结果，监理工程师组织有关各方进行检查验收，必要时应进行处理结果鉴定。要求事故单位整理编写质量事故处理报告，并审核签认，组织将有关技术资料归档。

4.3 建筑工程施工阶段监理的风险管理

4.3.1 风险的定义与相关概念

1. 风险的定义

风险是指产生损失后果的不确定性。风险应具备两方面条件：一是不确定性；二是产生损失后果，否则就不能称为风险。因此，肯定发生损失后果的事件不是风险，没有损失后果的不确定性事件也不是风险。

2. 与风险相关的概念

（1）风险因素。风险因素是指能产生或增加损失概率和损失程度的条件或因素，它是风险事件发生的潜在原因，是造成损失的内在原因或间接原因。风险因素可分为以下三种。

1）自然风险因素，也称为物理风险因素，或客观风险因素。该风险因素是指有形的并能直接导致某种风险的事物，如冰雪路面、汽车发动机性能不良或制动系统故障等均可能引发车祸而导致人员伤亡。

2）道德风险因素。为无形因素，与人的品德修养有关，如人的品质缺陷或欺诈行为。

3）心里风险因素。也是无形因素，与人的心理状态有关，例如，投保后疏于对损失的防范，自认为身强力壮而不注意健康。

（2）风险事件。风险事件是指造成损失的偶发事件，是造成损失的外在原因或直接原因。如失火、雷电、地震、偷盗、抢劫等事件。要注意把风险事件与风险因素区分开来，例如，汽车的制动系统失灵导致车祸使人员伤亡，这里制动系统失灵是风险因素，而车祸是风险事件。不过，有时两者很难区别。

（3）损失。损失是指非故意的、非计划的和非预期的经济价值的减少，通常以货币单位来衡量。损失可分为直接损失和间接损失两种，也有的学者将损失分为直接损失、间接损失和隐蔽损失。在对损失后果进行分析时，对损失如何分类并不重要，重要的是，要找出一切已经发生和可能发生的损失，尤其是对间接损失和隐蔽损失要进行深入分析，其中有些损失是长期起作用的，是难以在短期内弥补和扭转的，即使做不到定量分析，至少也要进行定性分析，以便对损失后果有一个比较全面而客观的估计。

（4）损失机会。损失机会是指损失出现的概率。概率可分为客观概率和主观概率两种。

1）客观概率。客观概率是指某事件在长时期内发生的频率。客观概率的确定主要有演绎法、归纳法和统计法三种。

2）主观概率。主观概率是指个人对某时间发生可能性的估计。主观概率结果受到很多因素的影响，如个人的受教育程度、专业知识水平、实践经验等，还可能与年龄、性别、性格等有关。因此，如果采用主观概率，应当选择在某一特定事件方面专业知识水平较高、实践经验较为丰富的人来估计。对于工程风险的概率，在统计资料不够充分的情况下，以专家做出的主观概率代替客观概率是可行的，必要时间综合多个专家的估计结果。

对损失机会这个概率，要特别注意其与风险的区别。损失机会是风险事件出现的频率或可能性，而风险则是风险事件出现后损失的大小。

3. 风险因素、风险事件、损失与风险之间的关系

风险因素、风险事件、损失与风险之间的关系如图 4.8 所示。

图 4.8　风险因素、风险事件、损失与风险之间的关系

图 4.8 可形象的用"多米诺骨牌理论"来描述，即风险因素引发风险事件，风险事件导致损失，而损失所形成的结果就是风险，一旦风险因素这张"骨牌"倾倒，其他"骨牌"都将相继倾倒。因此，为了预防风险，降低风险损失，就需要从源头抓起，力求使风险因素这张"骨牌"不倾倒，同时尽可能提高其他"骨牌"的稳定性，即在前一张"骨牌"倾倒的情况下，其后的"骨牌"仅仅是倾斜而不是倾倒，或即使倾倒，表现为缓慢倾倒而不是迅即倾倒。

4.3.2　建筑工程风险与风险管理

1. 建筑工程风险的概念和特点

建筑工程风险是指在建设工程中存在的不确定因素以及可能导致结果出现差异的可能性。建筑工程风险的特点主要有以下三点：

（1）建筑工程风险大。

（2）参与工程建设的各方均有风险，但是各方的风险不尽相同。例如，发生通货膨胀风险事件，在可调价格合同下，对业主来说是相当大的风险，而对承包方来说则风险较小；但如果是在固定总价合同条件下，对业主就不是风险，对承包商来说就是相当大的风险。

（3）建筑工程风险在决策阶段主要表现为投机风险（既可能带来损失，也可能带来收

益的风险），而实施阶段则主要表现为纯风险（既只会造成损失而绝无收益的可能的风险）。

2. 建筑工程风险的种类

工程中常见的风险有如下几类：

（1）外界环境的风险。由于外界环境的变化使实际成本的风险和工期风险加大。

1）国际政治环境的变化。对于国际工程，政治环境的变化影响巨大。如发生战争、禁运、罢工、社会动乱等造成工程中断或终止。

2）经济环境的变化。如发生通货膨胀、汇率调整、工资和物价上涨等，对工程影响都非常大。

3）合同所依据的法律的变化。如新的法律颁布，国家调整税率或增加新税种，新的外汇管理政策等。

4）自然环境的变化。如洪水、地震、台风，以及工程水文、地质条件存在不确定性，复杂且恶劣的气候天气条件和现场条件，其他的可能干扰项目的环境变化。

环境风险是工程项目的其他风险的根源。

（2）工程技术和实施方法等方面的风险。现代工程规模大、系统复杂、功能要求高、施工技术难度大，实施过程不可预见因素多。

（3）项目组织成员资信和能力风险。

1）业主（包括投资者）资信与能力风险。如业主经常随意改变设计方案，又不愿意给承包商以补偿；工程实施中利用权力苛刻刁难承包商，或对承包商的合理索赔要求不作答复，或拒不支付；业主不及时交付场地，不及时支付工程款等。

2）承包商（分包商、供应商）资信和能力风险。如承包商的技术能力、施工力量、装备水平和管理能力不足，没有适合的技术专家和项目经理，不能积极地履行合同等。

3）项目管理者（如监理工程师）的信誉和能力风险。如监理工程师没有与本工程相适应的管理能力、组织能力和经验。

3. 建筑工程风险管理过程

风险管理是一个识别、确定和度量风险，并制定、选择和实施风险处理的过程。风险管理是一个系统的、完整的过程，一般也是一个循环过程。风险管理过程包括：风险识别、风险评价、风险决策、决策实施、检查五个方面的内容。

（1）风险识别。风险识别是风险管理的第一步，也是风险管理的基础，只有正确识别出自身所面临的风险的基础上，才能够主动选择适当有效的方法进行处理。风险识别是通过一定的方式，系统而全面地分辨出影响目标实现的风险事件，并加以适当归类处理的过程，必要时还需对风险事件的后果定性分析和估计。

（2）风险评价。风险评价是指将建设工程风险事件发生的可能性和损失后果进行定量化的过程。这个过程在系统地识别工程建设风险与合理地作出风险对策决策之间起着重要的桥梁作用。风险评价的结果主要是在于确定各种风险事件发生的概率及其对建设工程目标的严重影响程度，如投资增加的数额、工期延误的时间等。

（3）风险决策。风险决策是选择确定建设工程风险事件最佳对策组合的过程，一般来说，风险管理中所运用的对策有以下四种：风险回避、损失控制、风险自留和风险转移。

这些风险对策的适用对象都各不相同，需要根据风险评价的结果，对不同的风险事件选择适宜的风险对策，从而形成最佳的风险对策组合。

（4）决策实施。即制订计划并付诸实施的过程。如制定预防计划、灾难计划、应急计划等；又如在决定购买工程保险时，要选择保险公司，确定恰当的保险范围、赔偿额、保险费等。这些都是实施风险决策的重要内容。

（5）检查。即跟踪风险决策的执行情况，并根据变化的情况，及时调整对策，并评价各项风险对策的执行效果。除此之外，还需要检查是否有被遗漏的工程风险或者发现了新的工程风险，也就是进行新一轮的风险识别，开始新的风险管理过程。

4．工程建设风险管理目标

风险管理是一项有目的的管理活动，只有目标明确，才能进行评价与考核，从而起到有效的作用，否则，风险管理就会流于形式，没有实际意义，也无法评价其效果。在确定风险管理目标时，通常要考虑以下几个基本要求。

（1）风险管理目标与风险管理主体（如企业或工程建设的业主）的总体目标的一致性。

（2）目标的实现性，要使目标具有实现的客观可能性。

（3）目标的明确性，以便于正确选择和实施各种方案，并对其实施效果进行客观的评价。

（4）目标的层次性，以利于区分目标的主次，提高风险管理的综合效果。

从风险管理目标与风险管理的主体的总目标相一致的角度出发，工程建设风险管理的目标可具体地表述为以下几个方面：实际投资不超过计划投资，实际工期不超过计划工期，实际质量满足预期的质量要求，工程建设安全。

5．工程建设项目管理与风险管理的关系

风险管理是项目管理理论体系的一个部分。但是，在项目管理理论体系中，风险管理并不是与投资控制、进度控制、质量控制、合同管理、信息管理、安全管理、组织协调并列的一个独立部分，而是将以上七方面与风险有关的内容综合而成的一个独立部分。

工程建设项目管理的目标与风险管理的目标时相一致的，可以认为风险管理是为目标控制服务的。

工程建设目标规划和计划都是着眼于未来，而未来充满着不确定因素，即充满着风险因素和风险事件。通过风险管理的一系列过程，可以定量分析和评价各种风险因素，即风险事件对工程建设预期目标与计划的影响，从而使目标规划更合理，使计划更可行。可以毫不夸张地说，对于大型、复杂的工程建设，如果不从早期开始进行风险管理的话，则很难保证其目标规划的合理性和计划的可行性。

4.3.3　建设工程风险识别

1．风险识别概念及特点

风险识别，即通过一定的方式，系统而全面地分辨出影响建设工程目标实现的风险事件，并进行归类处理的过程。风险识别具有个别性、主观性、复杂性和不确定性等特点。

2．风险识别的原则

（1）由粗及细，由细及粗。由粗及细是指对风险因素进行全面分析，逐渐细化，以获得对工程风险的广泛认识，从而得到工程初始风险清单。而由细及粗是指从工程初始风险清单的众多风险中，确定那些对工程建设目标实现有较大影响的工程风险作为主要风险，即作为风险评价以及风险对策决策的主要对象。

（2）严格界定风险内涵并考虑风险因素之间的相关性。对各种风险的内涵要严格加以界定，不要出现重复和交叉现象。另外，还要尽可能考虑各种风险因素之间的相关性，如主次关系、因果关系、互斥关系、正相关关系、负相关关系等。应当说，在风险识别阶段考虑风险因素之间的相关性具有一定的难度，但至少要做到严格界定风险内涵。

（3）先怀疑，后排除。对于所遇到的问题都要考虑其是否存在不确定性，不要轻易否定或排除某些风险，要通过认真地分析进行确认和排除。

（4）排除与确认并重。对于肯定可以排除和肯定可以确认的风险应尽早予以排除和确认。对于一时既不能排除又不能确认的风险再作进一步的分析，予以排除或确认。最后，对于肯定不能排除的但又不能肯定予以确认的风险按确认考虑。

（5）必要时，可做试验论证。对于某些按常规方式难以判定其是否存在，也难以确定其对工程建设目标影响程度的风险，尤其是技术方面的风险，必要时可做实验论证，如抗震试验、风洞试验等。这样作出的结论可靠，但要以付出费用为代价。

3．建设工程风险的识别途径

工程建设风险分解，是根据工程风险的相互关系将其分解成若干个子系统。分解的程度要足以使人们较容易地识别出工程建设的风险，使风险识别具有较好的准确性、完整性和系统性。

根据工程建设的特点，工程建设风险的分解可以按以下途径进行。

（1）目标维。它是指按照所确定的工程建设目标进行分解，即考虑影响工程建设投资、进度、质量和安全目标实现的各种风险。

（2）时间维。它是指按照基本建设程序的各个阶段进行分解，也就是分别考虑决策阶段、设计阶段、招标阶段、施工阶段、竣工验收阶段等各个阶段的风险。

（3）结构维。它是指按工程建设组成内容进行分解，如按照不同的单项工程、单位工程分别进行风险识别。

（4）因数维。它是指按照工程建设风险因素的分类进行分解，如政治、社会、经济、自然、技术和信用等方面的风险。

在风险分析过程中，有时并不仅仅是采用一种方法就能达到目的，往往需要将几种分解方式组合起来使用，才能达到目的。常用的一种组合方式是由时间维、目标维、因数维三方面从总体上进行工程建设风险的分解，如图4.9所示。

4．风险识别的方法

工程建设风险识别的方法主要有专家调查法、财务报表法、流程图法、初始清单法、经验数据法和风险调查法，可以根据工程建设的特点采用相应方法。

（1）专家调查法。调查的方式通常有两种：一种是召集有关专家开会，让专家充分发表意见，起到集思广益的作用；另一种是采用问卷调查，各专家根据自己的看法单独填写问卷。在采用专家调查法时，应注意所提出的问题应当具有指导性和代表性，并具有一定的深度，还要尽量具体一些。同时，还应注意专家所涉及的面应尽可能广泛些，有一定的

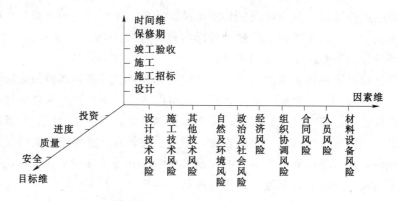

图 4.9　工程建设风险三维分解图

代表性。最后，由风险管理人员对专家发表的意见进行归纳、整理和分析。

（2）财务报表法。采用财务报表法进行风险识别时，要对财务报表中所列的各项会计科目做深入的分析研究，并提出分析研究报告，以确定可能产生的损失。此外，还应通过一些实地调查以及其他信息资料来补充财务记录。

（3）流程图法。流程图法是指将一项特定的生产或经营活动，按步骤或阶段顺序以若干个模块形式组成一个流程图系列，在每个模块中都标出各种潜在的风险因素或风险事件，从而给决策者一个清晰的总印象。对于工程建设，可以按时间维划分各个阶段，再按照因素维识别各阶段的风险因素或风险事件。这样会给决策者一个清晰的总印象。

（4）初始清单法。初始风险清单的建立途径有两种：一种方法是常规途径。常规途径是指采用保险公司或风险管理学会（协会）公布的潜在损失一览表。但是，目前在发达国家潜在损失一览表也都是对企业风险进行公布的，还没有针对工程建设风险一览表，因此这种方法对工程建设风险的识别作用不大。另一种方法是通过适当的风险分解方式来识别风险，是建立工程建设初始风险清单的有效途径。对于大型、复杂的工程建设，首先将其按单项工程、单位工程分解，再将其按照时间维、目标维和因素维进行分解，从而形成工程建设初始风险清单，可以较容易地识别出工程建设主要的、常见的风险。

（5）经验数据法。经验数据法也称统计资料法，即根据已建各类工程建设与风险有关的统计资料来识别拟建工程的风险，这种基于经验数据或统计资料的初始风险清单可以满足对建设工程风险识别的需要。

（6）风险调查法。风险调查法就是从分析具体工程建设的特点入手，一是对通过其他方法已经识别出的风险进行鉴定和确认；二是通过风险调查，有可能发现尚未识别的重要的工程风险。

风险调查可以从组织、技术、自然及环境、经济、合同等方面，分析拟建工程建设的特点以及相应的潜在风险，也可采用现场直接考察结合向有关行业或专家咨询等形式进行风险调查。

应当注意，风险调查不是一次性的行为，而应当在工程建设实施全过程中不断地进行，这样才能随时了解不断变化的条件对工程风险状态的影响。当然，随着工程的进展，风险调查的内容和重点会有所不同。

对于工程建设的风险识别来说，仅仅采用一种风险识别方法是远远不够的，一般应综合采用两种或多种风险识别方法，才能取得较为满意的结果，而且，不论采用何种风险识别方法组合，都必须包含风险调查法。从某种意义上讲，前五种风险识别方法的主要作用在于建立初始风险清单，而风险调查法的作用则在建立最终的风险清单。

4.3.4　建设工程风险评价

通过定量评价风险可以更准确地认识风险，保证目标规划的合理性和计划的可行性，以及合理选择风险对策，形成最佳风险对策组合。

1.风险量

风险量是指各种风险的量化结果，是风险评价的重要手段。其数值大小取决于各种风险的发生概率及其潜在损失。等风险量曲线，如图 4.10 所示，是由风险量的风险事件形成的一条曲线。不同等风险量曲线所表示的风险量大小与风险坐标原点的距离成正比，既距原点越近，风险量越小；反之，则风险量越大。

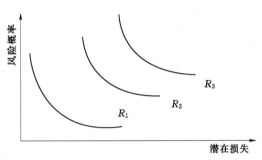

图 4.10　等风险量曲线

2.建设工程风险量损失的衡量

风险损失的衡量就是定量确定风险损失值的大小。工程建设风险损失包括投资风险损失、进度风险损失、质量风险损失和安全风险损失。

（1）投资风险损失。投资风险导致的损失可以直接用货币的形式来表现，即法规、价格、汇率和利率变化或资金使用安排不当等风险事件所引起的实际投资超出计划投资的数额。

（2）进度风险损失。进度的拖延属于时间范畴，同时也会导致经济损失。该风险损失包括：工期延长而导致利息的增加，赶工成本，延期投入使用的收入损失。

（3）质量风险损失。该风险损失包括：第一，质量事故导致的直接经济损失；第二，补救或修复工程缺陷所需要的费用；第三，影响正常使用而导致的收益损失（如工期延误和永久性缺陷导致的收益损失）；第四，由于工程质量导致的对第三者责任的赔偿。

（4）安全风险损失。安全风险是安全事故所造成的人身财产损失、工程停工等遭受的损失，还可能包括法律责任。安全风险损失包括以下几个方面：

1）受伤人员的医疗费用和补偿费用。

2）财产损失，包括材料、设备等财产的摧毁或被盗损失。

3）因工期延误而带来的损失。

4）为恢复工程建设的正常实施所发生的费用。

5）第三者责任的损失。

在此，第三者责任的损失是指工程建设在实施期间，因意外事故可能导致的第三者的人身伤亡和财产损失所作出的经济赔偿及必须承担的法律责任。

由以上四个方面的风险损失可知，投资增加或减少可以用货币来衡量，进度快慢属于时间范畴，同时也会导致经济损失，而质量和安全事故既会产生经济影响，又可能导致工期延长和第三者责任的损失，使风险更加复杂。因此，不论是投资风险损失，还是进度风险损失、质量风险损失或安全风险损失，除第三者要负法律责任外，最终都可以归结为经济损失。

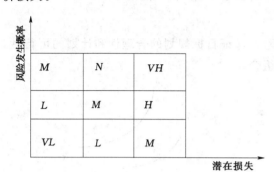

图 4.11　风险等级图

3. 风险评价

通过对建设工程风险量比较，可以确定建设工程风险的相对严重性。一般将风险量的大小分成五个等级（见图 4.11）：①VL（很小）；②L（小）；③M（中等）；④H（大）；⑤VH（很大）。

4.3.5　建设工程风险对策

工程建设风险对策也称为风险防范手段或风险管理技术。工程建设风险对策可以划分为两大类：一类是风险控制对策；另一类是风险财务对策。通常情况下采取的措施有风险回避、风险损失控制、风险自留和风险转移四种。

4.3.5.1　风险回避

风险回避就是考虑到某项目的风险很大时，主动放弃或终止该项目，以避免该项目风险及其所致损失的一种风险处置方式。

回避一种风险可能产生另一种新的风险，回避风险的同时也失去了从风险中获益的可能性，而且回避风险有时可能不实际或不可能。因此，虽然风险回避是一种最彻底的风险处理技术，但是，它也是一种消极的风险处置方法。

4.3.5.2　风险损失控制

1. 风险损失控制的概念

风险损失控制是指在风险损失不可避免的情况下，通过各种措施以遏制损失继续扩大或限制扩展的范围。损失控制是一种主动、积极的风险对策。风险损失控制可分为预防损伤和减少损失两个方面的工作。预防损失措施的主要作用是降低损失发生的概率，而减少损失措施的作用在于降低损失的严重性和遏制损失进一步发展，使损失最小化。一般来说，损失控制方案都应当是预防损失措施和减少损失措施的有机结合。

制定损失控制措施必须以定量风险评估的结果为依据，才能确保损失控制措施具有针对性，取得预期的控制效果。

在制定损失控制措施时还必须考虑其付出的代价，包括费用和时间两方面的代价，而时间方面的代价往往会引起费用方面的代价。损失控制措施的最终确定，需要综合考虑损失控制措施的效果及其相应的代价。因此，在选择控制措施时应当进行多方案的技术经济分析和比较，尽可能选择代价小且效果好的损失控制措施。

2. 损失控制计划系统

在采用损失控制这一风险对策时，所制定的措施应当形成一个周密的、完整的损失控制计划系统。在施工阶段，该系统应当由预防计划、灾难计划和应急计划三个部分组成。

（1）预防计划。它的目的在于有针对性地预防损失的发生，其主要作用是降低损失发生的概率，也能在一定程度上降低损失的严重性。

（2）灾难计划。灾难计划是一组事先编织好的、目的明确的工作程序和具体措施，为现场人员提供明确的行动指南，使其在紧急事件发生后，就有明确的行动指南，从而不至于惊慌失措，也不需要临时讨论研究应对措施，也就可以及时、妥善地进行事故处理，减少人员伤亡以及财产损失。灾难计划是针对严重风险事件制定的，其内容主要有以下几个方面：

1）安全撤离现场人员方案。

2）救援和处理伤亡人员。

3）控制事故的进一步发展，最大限度地减少资产和环境损害。

4）保证受影响区域的安全，尽快恢复正常。

灾难计划通常是在严重风险事件发生时或即将发生时实施的。

（3）应急计划。应急计划是在风险损失基本确定后处理计划。其宗旨是尽快恢复因严重风险事件而中断的工程，并减少进一步的损失，使其影响程度减至最小。

应急计划中不仅要制定所要采取的措施，而且要规定不同工作部门的工作职责。所以，应急计划内容一般应包括以下几个方面：

1）调整整个工程建设的进度计划，并要求各承包商相应调整各自的进度计划。

2）调整材料、设备的采购计划，并及时与供应商联系，必要时签订补充协议。

3）准备保险索赔依据，确定保险索赔额，起草保险索赔报告。

4）全面审查可使用资金的情况，必要时需调整筹资计划等。

三种损失控制计划之间的关系简要描述如下：

事先的风险事件及后果分析→预防计划→风险事件发生→灾难计划→风险损失基本确定→应急计划。

损失控制既能有效减少项目的风险损失，又能使全社会的物质财富少受损失，因此，损失控制是最积极、最有效的一种风险处置方式。

4.3.5.3 风险自留

工程项目风险自留是指将风险留给自己承担，即由项目主体自行承担风险后果的一种风险应对策略，是从企业内部财务角度的应对风险。它不改变建设工程风险的客观性，这种方式既不改变建设工程风险的发生概率，也不改变建设工程风险潜在的损失严重性。

1. 非计划性风险自留（被动自留）

由于风险管理人员没有意识到工程建设某些风险的存在，或者不曾有意识地采取有效措施，以致风险发生后只好自己承担。这样的风险自留是非计划性的和被动的。

导致非计划性风险自留的主要原因包括：缺乏风险意识、风险识别失误、风险评估失误和风险决策实施延误等。项目管理者应该力求避免非计划性风险自留。

2．计划性风险自留（主动自留）

计划性风险自留是主动的、有意识的、有计划的选择，是风险管理人员在经过正确的风险识别和风险评价后做出的风险对策，是整个工程建设风险对策计划的一个组成部分。也就是说，风险自留绝不可能单独运用，而应与其他风险对策结合使用。计划性风险自留至少应当符合以下条件之一才予以考虑：

1）别无选择。

2）期望损失不严重。

3）损失可准确推测。

4）企业有短期内承受最大潜在损失或期望损失的经济能力。

5）投资机会很好。

6）内部服务或非保险人服务优良。

风险自留的计划性主要体现在风险自留水平和损失支付两方面。风险自留水平是指选择哪些风险事件作为风险自留的对象。可以从风险量大小的角度进行考虑，选择风险量比较小的风险事件作为自留的对象，而且应当从费用、期望损失、机会成本、服务质量和税收等方面与工程相比较后再做决定。所谓损失支付方式，就是指在风险事件发生后，对所造成的损失通过什么方式或渠道来支付。有计划的风险自留通常应预先制定损失支付计划。损失支付方式有以下四种：第一种是从现金净收入中支出。采用这种方式时，在财务上并不对自留风险作特别的安排。在损失发生后从现金净收入中支出，或将损失费用记入当期成本。第二种是建立非基金储备。这种方式是指设立一定数量的备用金，但其用途不是专门用于支付风险自留损失的，而是将其他原因引起的额外费用也包括在内的备用金。第三种是自我保险。这种方式是设立一项专项基金（也称为自我基金），专门用于自留风险所造成的损失。该基金的设立不是一次性的，而是每期支出，相当于定期支付保险费，因而称为自我保险。第四种是母公司保险。这种方式只适用于存在总公司与子公司关系的集团公司，往往是在难以投保或自保较为有利的情况下运用。

4.3.5.4　风险转移

风险转移是工程建设风险管理中非常重要并得到广泛应用的一项对策，分为保险转移和非保险转移两种形式。根据风险管理的基本理论，工程建设风险应当由各有关方分担，而风险分担的原则就是：任何一种风险都应由最适宜承担该风险或最有能力进行损失控制的一方承担。

1．保险转移

保险转移通常直接称为保险。它是指工程建设业主、承包商或监理企业通过购买保险，将本应该由自己承担的工程保险，包括第三方责任，转移给保险公司，从而使自己免受风险损失。保险这种风险转移方式之所以得到越来越广泛的应用，原因在于保险人较投保人更适宜承担有关的风险。对于投保人来说，某些风险的不确定性很大，风险也很大，但对于保险人来说，这种风险的发生则趋近于客观概率，不确定性大大降低，因此风险降低。

保险转移是受到保险险种限制的。如果保险公司没有此类保险业务，则无法采用保险的方式。在工程建设方面，我国已实行人身保险中的意外伤害保险、财产保险中的工程建设一切险和安装工程的一切险。此外，职业责任保险对于监理工程师自身风险管理来说，也是非常重要的。

保险转移这种方式虽然有很多优点，但也存在很多缺点，如机会成本的增加；保险谈判时耗费较多的时间和精力；工程投保以后，投保人可能因麻痹大意而疏于损失控制计划等。

2. 非保险转移

非保险转移又称为合同转移，一般是指通过签订合同的方式将工程风险转移给非保险人的对方当事人。工程建设风险常见的非保险转移有以下三种情况：

（1）业主将合同责任和风险转移给对方当事人。这种情况下，一般是业主将风险转移给承包商。如签订固定总价合同，将涨价风险转移给承包商。不过，这种转移方式业主应当慎重对待，业主不想承担任何风险的结果将会造成合同价格的增高或工程不能按期完成，从而给业主带来更大的风险。由于业主在选择合同形式和合同条件时占有绝对的主导地位，更应当全面考虑风险的合理分配，绝不能够滥用此种非保险转移的方式。

（2）承包商进行合同转让或工程分包。合同转让或工程分包是承包商转移风险的重要方式。采用此方式时，承包商应当考虑将工程中专业技术要求高而自己缺乏相应技术的工程内容分包给专业分包商，从而以更低的成本、更好的质量完成工程。因此，分包商的选择成为一个至关重要的工作。

（3）第三方担保。第三方担保是指合同当事人的一方要求另一方为其履约行为提供第三方担保。担保方所承担的风险仅限于合同责任，即由于委托方不履行或不适当履行合同以及违约所产生的责任。目前，工程担保主要有投标担保、履约担保和付款担保。

投标保证担保也称投标保证金，是指投标人向招标人出具的，以一定金额表示的投标责任担保。投标保证担保可分为银行保函和投标保证书两种。

履约担保是指招标人在招标文件中规定的要求中标人提交的保证履行合同义务的担保。常见的形式有银行保函、履约保证书和保留金三种。

预付款担保是指在合同签订以后，业主给承包人一定比例的预付款，但需要有承包商的开户银行向业主出具的预付款担保。其目的是保证承包商能按合同规定施工，偿还业主已支付的全部预付款。

非保险转移的优点主要体现在可以转移某些不可保险的潜在损失，如物价上涨的风险；其次体现在被转移者往往能更好地进行损失控制，如承包商能较业主更好地把握施工技术风险。

4.3.6 风险对策决策过程

工程建设风险处理的对策具有不同特点，风险管理人员在选择风险对策时，要根据工程建设的自身特点，从系统观点出发整体上考虑风险管理的思想和步骤，从而制定一个与工程建设总体目标一致的风险管理原则。这种原则需要指出风险管理各基本对策之间的联系，为风险管理人员进行风险决策提供参考。

图4.12为风险对策决策过程以及这些风险对决策之间的选择关系。

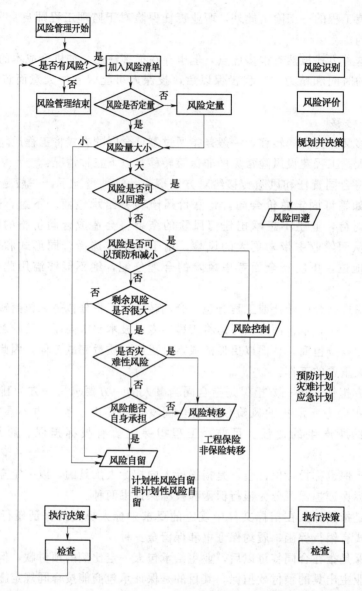

图 4.12　风险对策决策过程以及这些风险对决策之间的选择关系

本 章 小 结

本章介绍了建筑工程施工阶段监理的准备工作；建筑施工阶段监理目标控制；建筑工程施工阶段监理的风险管理。重点讲述了施工阶段监理工作，应根据专业工程特点制定监理工作总程序，并按工作内容分别制定具体的监理工作程序。监理工作程序的制定要有针对性，制定监理工作程序应结合工程项目的特点，注重监理工作的效果；讲述了工程建设三大目标之间的关系，工程建设投资控制、进度控制、质量控制的影响因素、主要任务和采取的控制措施。风险识别的特点、原则和方法，风险评价的作用、内容和方法；阐述了建筑工程施工阶段监理工程师的作用、工作任务及职责。工程建设监理的中心任务是实现工程项目目标，也就是按照一定的方法和措施实现经过科学规划所确定的工程投资、进度、质量目标。

复 习 思 考 题

（1）施工准备阶段的监理工作包括哪些内容？

（2）投资、进度、质量控制的含义是什么？它们之间有什么关系？

（3）我国现行建设工程投资由哪些部分构成？

（4）投资控制的手段有哪些？

（5）监理工程师在投资控制中有什么作用？

（6）项目监理工程师在工程建设施工阶段对投资控制采取哪些措施？

（7）工程建设施工阶段投资控制的主要工作有哪些？

（8）工程竣工结算过程中监理工程师的职责是什么？

（9）影响工程进度的因素有哪些？

（10）项目实施阶段进度控制的主要任务是什么？

（11）项目实施阶段进度控制的主要方法有哪些？

（12）如何进行工程进度目标的确定？

（13）工程建设施工进度控制的监理工作内容有哪些？

（14）建设工程质量有什么特点？

（15）影响建设工程质量的因素有哪些？

（16）建设工程质量控制的原则是什么？

（17）在工程建设中，工程监理单位和施工单位的质量责任是什么？

（18）现场施工准备的质量控制有哪些？

（19）工程建设中施工过程质量控制的方法与手段有哪些？

（20）如何进行建筑工程质量验收的划分？

（21）工程质量事故如何分类？质量事故处理的程序如何？

（22）风险的定义是什么？风险因素、风险事件、损失与风险之间的关系如何？

（23）工程中常见的风险有哪些？

（24）风险管理过程包括哪些内容？

（25）工程建设项目管理与风险管理的关系如何？

（26）在确定风险管理目标时，通常要考虑哪些基本要求？

（27）在风险识别过程中应遵循哪些原则？

（28）应对工程建设风险的措施有哪些？

（29）工程合同风险的对策有哪些？

第 5 章 建筑工程安全监理

学 习 目 标

了解安全生产与安全监理的一般概念，熟悉建筑工程安全监理的性质和任务，掌握建筑工程安全监理的责任、主要工作内容和程序。

5.1 安全生产与安全监理概述

安全生产是社会的大事，关系到国家的财产和人员生命安全，甚至关系到经济的发展和社会的稳定。因此，在建筑工程生产过程中必须贯彻"安全第一，预防为主"的方针，切实做好安全监理的工作。

5.1.1 安全生产概述

5.1.1.1 安全生产的基本概念

1. 安全生产

安全生产是指在生产过程中保障人身安全和设备安全。有两方面的含义：一是在生产过程中保护职工的安全和健康，防止工伤事故和职业病危害；二是在生产过程中防止其他各类事故的发生，确保生产设备的连续、稳定、安全运转，保护国家财产不受损失。

2. 安全生产管理

安全生产管理是指建设行政主管部门、建设工程安全监督机构、建筑施工企业及有关单位对建设工程生产过程进行计划、组织、指挥、控制、监督等一系列的管理活动。

3. 隐患

隐患是指未被事先识别或未采取必要防护措施的，可能导致事故发生的各种因素。

4. 事故

事故是指任何造成疾病、伤害、死亡以及财产、设备、产品或环境的损坏或破坏的事件。施工现场安全事故包括：物体打击、车辆伤害、机械伤害、起重伤害、触电、淹溺、灼烫、火灾、高处坠落、坍塌、火药爆炸、化学爆炸、物理性爆炸、中毒和窒息及其他伤害。

5. 危险源

危险源是指可能造成人员伤害、疾病、财产损失、作业环境破坏或这些情况组合的危险因数和有害因数。具体分为第一类危险源和第二类危险源。

（1）第一类危险源是指可能发生意外释放能量的载体、危险物质以及自然状况。包括动力源、能量载体以及具有危害性的物质本身。是事故发生的前提和事故的主体，决定事故的严重程度。

第一类危险源从以下方面进行辨识：

1）产生、供给能量的装置、设备，例如变电所、供热锅炉等。

2）使人体或物体具有较高势能的装置、设备、场所，例如起重、提升机械、高度差较大的场所等。

3）能量载体，例如运动中的车辆、机械的运动部件、带电的导体等。

4）一旦失控可能产生巨大能量的装置、设备、场所，例如充满爆炸性气体的空间等。

5）一旦失控可能发生能量突然释放的装置、设备、场所，例如各种压力容器、受压设备，容易发生静电蓄积的装置、场所等。

6）危险物质。除了干扰人体与外界能量交换的有害物质外，也包括具有化学能的危险物质。具有化学能的危险物质分为可燃烧爆炸危险物质和有毒、有害危险物质两类。前者指能够引起火灾、爆炸的物质，按其物理化学性质分为可燃气体、可燃液体、易燃固体、可燃粉尘、易爆化合物、自燃性物质、忌水性物质和混合危险物质八类。后者指直接加害于人体，造成人员中毒、致病、致畸、致癌等的化学物质。

7）生产、加工、储存危险物质的装置、设备、场所，例如炸药的生产、加工、储存设施等。

8）人体一旦与之接触将导致人体能量意外释放的物体，例如物体的棱角、工件的毛刺、锋利的刃等。

（2）第二类危险源是指造成约束、限制能量措施失效或破坏的各种不安全因素。包括人、物、环境、管理四个方面，是第一类危险源导致事故的必要条件，决定事故发生的可能性大小。

第二类危险源按场所的不同初步可分为施工现场危险源与临建设施危险源两类，从人的因素、物的因素、环境因素和管理因素四个方面进行辨识。

1）与人的因素有关的危险源主要是人的不安全行为，集中表现在"三违"，即违章指挥、违章作业、违反劳动纪律。

2）与物的因素有关的危险源主要存在于分部、分项工艺过程、施工机械运行过程和物料等危险源中。

3）与环境因素有关的危险源主要指生产作业环境中的温度、湿度、噪声、振动、照明或通风换气等方面的问题。

4）与管理因素有关的危险源主要表现为管理缺陷，具体有制度不健全、责任不分明、有法不依、违章指挥、安全教育不够、处罚不严、安全技术措施不全面、安全检查不够等。

6. 应急求援

应急求援是指在安全生产措施控制失效情况下，为避免或减少可能引起的伤害或其他影响而采取的补救措施和抢救行为。它是安全生产管理的内容，是项目经理实行施工现场安全生产管理的具体要求，也是监理工程师审核施工组织设计与施工方案中安全生产的重要内容。

7. 应急救援预案

应急救援预案是指针对可能发生的、需要进行紧急救援的安全生产事故，事先制定好应对补救措施和抢救方案，以便及时救助受伤的和处于危险状态中的人员，减少或防止事态进一步扩大，并为善后工作创造好的条件。

8. 高处作业

凡在坠落基准面2m或2m以上有可能坠落的高处进行作业，该项作业即称为高处作业。

9. 临边作业

在施工现场任何场所，当高处作业中工作面的边沿并无维护设施或虽有围护设施，但其高度小于80cm时，这种作业称为临边作业。

10. 洞口作业

建筑物或构筑物在施工过程中，常会出现各种预留洞口、通道口、上料口、楼梯口、电梯井口，在其附近工作，称为洞口工作。

11. 悬空作业

在周边临空状态下，无立足点或无牢靠立足点的条件下进行的高空作业，称为悬空作业。悬空作业通常在吊装、钢筋绑扎、混凝土浇筑、模板支拆以及门窗安装和油漆等作业中较为常见。一般情况下，对悬空作业采取的安全防护措施主要是搭设操作平台，配戴安全带、张挂安全网等措施。

12. 交叉作业

凡在不同层次中，处于空间贯通状态下同时进行的高空作业称为交叉作业。施工现场进行交叉作业是不可避免的，交叉作业会给不同的作业人员带来不同的安全隐患，因此，进行交叉作业时必须遵守安全规定。

13. 本质安全

本质安全是指设备、设施或技术工艺含有内在的能够从根本上防止发生事故的功能。具体包括两方面的内容。

(1) 失误—安全功能。是指操作者即使操作失误，也不会发生事故或伤害，或是设备、设施和技术工艺本身具有自动防止人的不安全行为的功能。

(2) 故障—安全功能。是指设备、设施或技术工艺发生故障或损坏时，还能暂时维持正常工作或自动转变为安全状态。

上述两种安全功能应该是设备、设施和技术工艺本身固有的，即在它们的规划设计阶段就被纳入其中，而不是事后补偿的。本质安全是安全生产预防为主的根本体现，也是安全生产管理的最高境界。实际上由于技术、资金和人们对事故的认识等原因，到目前还很难做到本质安全，只能作为全社会为之奋斗的目标。

14. 风险

(1) 风险的特性。风险是指某一特定危险情况发生的可能性和后果的组合。风险具有普遍性、客观性、损失性、不确定性和社会性。

风险的不确定性表现在发生时间的不确定性。从总体上看，有些风险是必然要发生的，但何时发生确是不确定性的。例如，生命风险中，死亡是必然发生的，这是人生的必然现象，但具体到某一个人何时死亡，在其健康时却是不可能确定的。风险的客观性表现在风险是一种不以人的意志为转移，独立于人的意识之外的客观存在。因为无论是自然界的物质运动，还是社会发展的规律，都由事物的内部因素决定，由超过人们主观意识所存在的客观规律所决定。

（2）风险的构成要素。

1）风险因素。风险因素是风险事故发生的潜在原因，是造成损失的内在或间接原因。根据性质不同，风险因素可分为实质风险因素、道德风险因素和心理风险因素三种类型。

2）风险事故。风险事故是造成损失的直接的或外在的原因，是损失的媒介物，即风险只有通过风险事故的发生才能导致损失。就某一事件来说，如果它是造成损失的直接原因，那么它就是风险事故；而在其他条件下，如果它是造成损失的间接原因，它便成为风险因素。

3）损失。在风险管理中，损失是指非故意的、非预期的、非计划的经济价值的减少。通常我们将损失分为两种形态，即直接损失和间接损失。

（3）风险构成要素之间的关系。风险是由风险因素、风险事故和损失三者构成的统一体。风险因素引起或增加风险事故，风险事故可能造成损失。

5.1.1.2 安全生产的基本原则

1. 管生产必须管安全

"管生产必须管安全"的原则是施工项目必须坚持的基本原则。项目各级领导和全体员工在施工过程中，必须坚持在抓生产的同时抓好安全工作，要抓好生产与安全的"五同时"，即在计划、布置、检查、总结、评比生产工作的同时计划、布置、检查、总结、评比安全工作。

"管生产必须管安全"的原则体现了生产和安全的统一，生产和安全是一个有机的整体，两者不能分割，更不能对立起来，应将安全寓于生产之中。生产组织者在生产技术实施过程中，应从组织上、制度上将这一原则固定下来，并具体落实到每个员工的岗位责任制上去，以保证该原则的实施。

2. 安全生产具有一票否决权

安全工作是衡量项目管理的一项基本内容，在对项目各项指标考核、评优创先时，首先必须考虑安全指标的完成情况。安全指标没有实现，尽管其他指标顺利完成，仍无法实现项目的最优化，因此安全生产具有一票否决的权力。

此外，安全生产的否决权还表现在：施工企业资质不符合国家规定，不准参加施工；建设区域位置的环境安全不合格，不得投资动工；某项工程或设备不符合安全要求，不准使用等。

3. 职业安全卫士"三同时"

"三同时"原则是一切生产性的基本建设和技术改造工程项目，必须符合国家的职业安全卫士方面的法规和标准。职业安全卫士技术措施及设施应与主体工程同时设计、同时施工、同时投产使用，以确保项目投产后符合职业安全卫士要求，保障劳动者在生产过程中的安全与健康。

编制或审定工程项目设计任务书时，必须编制或审定劳动安全卫生技术要求和采取相应的措施方案。竣工验收时，必须有劳动安全卫生设施完成情况及其质量评估报告，并经安全生产主管部门、卫生部门和工会组织参加验收签字后，方准投产使用。

4. 事故处理坚持"四不放过"

根据国家有关法律及法规规定,建筑企业一旦发生事故,在处理时必须坚持"四不放过"的原则。所谓"四不放过"是指在因工伤事故的调查处理中,必须坚持事故原因分析不清不放过,事故责任者和群众没受到教育不放过;没有整改预防措施不放过;事故责任者和责任领导不处理不放过。

5.1.1.3　安全生产的控制途径

(1) 从立法和组织上加强安全生产的科学管理,如贯彻国家关于施工安全管理方面的方针、政策、规程、制度、条例,制定安全生产管理的规章制度或安全操作规程。

(2) 建立各级、各部门、各系统的安全生产责任制,使全体职工在安全生产中各负其责,人人参加安全生产控制。

(3) 加强对全体职工进行安全生产知识教育和安全技术培训。

(4) 加强安全生产管理和监督检查工作,及时采取各种措施排除生产过程中存在的不安全因素,防止事故的发生。对于已发生的事故,及时进行调查分析,采取处理措施。

(5) 改善劳动条件,加强劳动保护,增进职工身体健康。对施工生产中有损职工身心健康的各种职业病和职业性中毒,应采取相应的防范措施,变有害作业为安全作业。

5.1.1.4　安全生产方针的内容

建设工程施工安全生产必须坚持"安全第一、预防为主、综合治理"的基本方针。要求在生产过程中,必须坚持"以人为本"的原则和安全发展的理念。

在生产与安全的关系中,一切以安全为重,安全必须排在第一位。必须预先分析危险源,预测和评价危险、有害因素,掌握危险出现的规律和变化,采取相应的预防措施,将危险和安全隐患消灭在萌芽状态,施工企业的各级管理人员,坚持"管生产必须管安全"和"谁主管、谁负责"的原则,全面履行安全生产责任。

1. 安全生产的重要性

生产过程中的安全是生产发展的客观需要,特别是现代化生产,更不允许有所忽视,必须强化安全生产,在生产活动中把安全工作放在第一位,尤其当生产与安全发生矛盾时,生产要服从安全,这是"安全第一"的含义。

2. 安全与生产的辩证关系

在生产建设中,必须用辩证统一的观点去处理好安全与生产的关系。这就是说,项目领导者必须善于安排好安全工作与生产工作,特别是生产任务繁忙的情况下,安全工作与生产工作发生矛盾时,更应处理好两者的关系,不要把安全工作"挤掉"。越是生产任务忙,越要重视安全,把安全工作搞好。否则,就会导致工伤事故,既妨碍生产,又影响企业信誉,这是多年来生产实践证明了的一条重要经验。

3. 安全生产工作必须强调预防为主

安全生产工作以预防为主是现代生产发展的需要。"安全第一、预防为主"两者是相辅相成、互相促进的。"预防为主"是实现"安全第一"的基础。要做到安全第一,首先要搞好预防措施。预防工作做好了,就可以保证安全生产,实现安全第一,否则安全第一就是一句空话,这也是在实践中被证明的一条重要经验。

5.1.1.5　安全生产管理的目标

安全生产管理目标是建设工程项目管理机构制定的施工现场安全生产保证体系所要达到的各项基本安全指标。安全生产管理目标的主要内容包括：

（1）杜绝重大伤亡、设备安全、管线安全、火灾和环境污染等事故。

（2）一般事故频率控制目标。

（3）安全生产标准化工地创建目标。

（4）文明施工创建目标。

（5）其他目标。

5.1.1.6　安全生产的三级教育

新作业人员上岗前必须进行"三级"安全教育，即公司（企业）、项目部和班组三级安全生产教育。

（1）施工企业的安全生产培训教育的主要内容包括：安全生产基本知识，国家和地方有关安全生产的方针、政策、法规、标准、规范，企业的安全生产规章制度，劳动纪律，施工作业场所和工作岗位存在危险因素、防范措施及事故应急措施，事故案例分析。

（2）项目部的安全生产培训教育的主要内容包括：本项目的安全生产状况和规章制度，本项目作业场所和工作岗位存在危险因素、防范措施及事故应急措施，事故案例分析。

（3）班组安全培训教育的主要内容包括：本岗位安全操作规程，生产设备、安全装置、劳动防护用品（用具）的正确使用方法，事故案例分析。

5.1.2　安全监理概述

5.1.2.1　安全监理的概念

安全监理是指对工程建设中的人、机、环境及施工全过程进行安全评价、监控和督察，并采取法律、经济、行政和技术手段，保证建设行为符合国家安全生产、劳动保护法律、法规和有关政策，制止建设行为中的冒险性、盲目性和随意性，有效地把建设工程安全控制在允许的风险度范围以内，以确保建设工程的安全性。安全监理是对建筑施工过程中安全生产状况所实施的监督管理，行驶委托方赋予的职权，属于安全技术服务，通过各种控制措施实施评价、监控和监督，降低风险度。

1.　安全监理实施的前提

《建筑法》规定：建设单位与其委托的工程监理单位应当订立书面监理合同。同样，建设工程安全监理的实施也需要建设单位的委托和授权。工程监理单位应根据委托监理合同和有关建设工程合同的规定实施建设工程安全监理。

建设工程安全监理只有在建设单位委托的情况下才能进行。工程监理单位与建设单位订立书面委托监理合同，明确安全监理的范围、内容、权利、义务、责任等后，才能在规定的范围内行驶监督管理权，合法地开展建设工程安全监理。工程监理单位在委托安全监理的工程中拥有一定的监督管理权限，是建设单位授权的结果。

2.　安全监理的行为主体

《建筑法》规定：实行监理的建筑工程，由建设单位委托具有相应资质条件的工程监理单位监理。这是我国建设工程监理制度的一项重要规定。建设工程安全监理是建设工程监理的重要组成部分，因此它只能由具有相应资质的工程监理单位来开展监理，建设工程安全监理的行为主体是工程监理单位。

建设工程安全监理不同于建设行政主管部门安全生产监督管理。后者的行为主体是政府部门，它具有明显的强制性，是行政性的安全生产监督管理，它的任务、职责、内容不同于建设工程安全监理。

3. 安全监理的依据

（1）国家、地方有关安全生产、劳动保护、环境保护、消防等法律法规及方针、政策。

（2）国家、地方有关建设工程安全生产标准规范及规范性文件。

（3）政府批准的建设工程文件及设计文件。

（4）建设工程监理合同和其他建设工程合同等。

4. 安全监理与企业内部安全监督的区别

从安全监理和企业内部安全监督的工作内容和任务上看，两者没有多大差异，目标是一致的，但两者所处的位置和角度不一样，管理的力度不一样，最终达到的效果也不一样。

（1）安全控制范围不同。安全监理是以宏观安全控制为主。从招投标开始实施全方位过程的安全控制，对承包商的选用、施工进度的控制和安全费用的使用监督等，起着举足轻重的制约性效用。安全监督是以微观安全控制为主。只能侧重于施工过程中的事故预防，对施工进度的控制和安全费用使用的监督显得力不从心。

（2）安全控制效果不同。安全监理单位同被监理单位是完全独立的两个法人经济实体，其关系是监督与被监督的关系，监理人员的个人得失和利益与被监理单位无关。监理单位为了履约合同，提高信誉打开市场，必须严格按合同要求认真执行安全规程和规范，避免和减少各类事故的发生。此外，安全监理是对被监理单位的领导人员、组织机构、规章制度直至具体的实施落实情况进行全过程的安全监理，各级领导也是被监理被监督的对象。由于是异体管理，有着强有力的制约机制，因而不存在不买账的问题。因此，停工整改、结算签单、停工待检、复工报验等整套管理程序都能真正发挥作用。由于管理力度增强，使安全文明施工的大环境变得更好。

（3）安全监督力度不同。工程监理制度是国家以法规的形式强制实施的硬性制度，对承包商和业主都有同样的制约力。就总体而言，对较高层次的机构和人员的管理制约力度，安全监理要比安全监督大得多。

5. 安全监理与传统"三控制"的关系

随着安全控制成为建设监理的一项重要工作内容，安全监理应融入到传统的建设监理目标管理的"三控制"（质量控制、进度控制、投资控制）中而成为目标管理"四控制"。

安全监理与"三控制"有紧密的联系和许多共同点：①同属于合同环境条件下的社会监理范畴；②安全事故与质量事故的产生有相同的内部机理；③安全与质量两者之间相辅相成，往往同时出现，且相互诱发。

安全监理与"三控制"的不同之处表现在：①"三控制"实际上是以产品为中心，安全监理一般以作业者的人身安全与健康为重点；②"三控制"主要是维护业主的利益，安全监理面向社会大众，维护承包商及作业人员的利益，解脱业主的社会压力；③质量事故可以补救，人身伤害事故无法补救；④质量事故有较长的潜伏期，安全事故则是突发性的。

5.1.2.2 安全监理的作用

（1）有利于防止或减少生产安全事故，保障人民群众生命和财产安全。我国建设工程规模逐步扩大，建设领域安全事故起数和伤亡人数一直居高不下，个别地区施工现场安全生产情况仍然十分严峻，安全事故时有发生，导致群死、群伤恶性事件的发生，给广大人民群众的生命和财产带来巨大损失。实行建设工程安全监理，监理工程师及时发现建设工程实施过程中出现的安全隐患，并要求施工单位及时整改、消除，从而有利于防止或减少生产安全事故的发生，也就保障了广大人民群众的生命和财产安全，保障了国家公共利益，维护了社会安定团结。

建设工程的安全生产不仅关系到人民群众的生命和财产安全，而且关系到国家经济发展和社会的全面进步。我国一直非常重视建设工程的安全生产工作。1997 年 11 月 1 日，第八届全国人民代表大会常务委员会第二十八次审议通过了《中华人民共和国建筑法》，对建筑工程安全生产管理作出了明确的规定。2002 年 6 月 29 日，第九届全国人民代表大会常务委员会第二十八次审议通过了《中华人民共和国安全生产法》，进一步明确了生产经营单位的安全生产责任。这两部法律的颁布施行，为建设工程安全生产提供了重要的法律依据，营造了良好的法律环境。

目前，我国的安全生产基础非常脆弱，特别是非公有制小企业的事故起数和死亡人数，都占全国事故起数和死亡总数的 70% 左右。而全社会对安全生产的重视程度还不够，安全专项整治工作发展不平衡，个别地方安全生产工作责任不落实、工作不到位。在对各类安全生产事故的原因进行汇总、分析的基础上，可以看出建设工程安全生产管理中存在的主要问题包括以下几个方面。

1）工程建设各方主体的安全责任不够明确。工程建设涉及的主体较多，有建设单位、勘察单位、设计单位、施工单位、工程监理单位及其他如设备租赁单位、拆装单位等，对这些主体的安全生产责任缺乏明确规定。有的企业在工程分包和转包过程中，同时转移安全风险，甚至签订生死合同，置人民群众的生命、国家财产于不顾，影响极其恶劣。

2）建设工程安全的投入不足。一些建设单位和施工单位挤扣安全生产经费，导致在工程投入中用于安全生产的资金过少，不能保证正常安全生产措施的需要，导致生产安全事故不断发生。比如有的企业片面追求经济利益，急功近利思想严重，冒险蛮干。另一方面，在机制转换的经济作用下，许多建设者（或业主）都是想少投入多产出，在投标中往往是低价中标，而中标者在低标的施工中又往往想多赢利，所以这一来不发生事故是侥幸，发生事故是"正常"的。

3）建设工程安全生产监督管理制度不健全。建设工程安全生产的监督管理仅停留在突击性的安全生产大检查上，缺少日常的具体监督管理制度和措施。有的企业虽然制定了一些规章制度，但往往是墙上挂挂、口上讲讲，并没有真正落实在实处，特别是对施工现场的监督管理不到位、责任不落实，有令不行、有禁不止；有的企业存在家庭作坊式管理，主观随意性大；还有的企业缺乏对施工专业人员的保障措施，劳动保护用品得不到保障；一些管理人员和操作人员没有进行有关安全生产的教育培训，缺乏应有的安全技术常识，违章指挥、违章作业、违反劳动纪律的现场十分突出，存在严重的事故隐患。

4）生产安全事故的应急救援制度不健全。一些施工单位没有指定应急救援预案，发生生产安全事故后得不到及时的救助和处理，致使生命和财产受到损失。

（2）有利于规范工程建设参与各方主体的安全生产行为，提高安全生产责任意识。在建设工程安全监理实施过程中，监理工程师采用事前控制、事中控制和事后控制相结合的方式，对建设工程安全生产的全过程进行动态监督管理，可以有效地规范各施工单位的安全生产行为，最大限度地避免不当安全生产行为的发生。即使出现不当安全生产行为，也能够及时加以制止，最大限度地减少事故可能的不良后果。此外，由于建设单位不了解建设工程安全生产等有关的法律法规、管理程序等，也可能发生不当安全生产行为。为避免建设单位发生的不当安全生产行为，监理工程师可以向建设单位提出适当的建议，从而也有利于规范建设单位的安全生产行为。

（3）有利于促使施工单位保证建设工程施工安全，提高整体施工行业安全生产管理水平。实行建设工程安全监理，监理工程师通过对建设工程施工生产的安全监督管理，以及监理工程师的审查、督促和检查等手段，促使施工单位进行安全生产，改善劳动作业条件，提高安全技术措施，保证建设工程施工安全，提高施工单位自身施工安全生产管理水平，从而提高整体施工行业安全生产管理水平。

实行建设工程安全监理可以将建设单位、地方安全监督部门和施工承包单位的安全管理有效地结合起来。事实上，在工程建设中，往往是建设单位没有专职安全管理人员或安全管理人员不懂专业，主要依靠地方安全监督部门和施工承包单位自己管理，而地方安全监督部门面对庞大的地方基本建设，对施工现场的日常安全管理不可能面面俱到，这样一来施工现场的安全管理实际上就是施工承包单位自己在管理自己。施工承包单位由于多方面的原因，在安全的投入上、队伍的选择上等互不相同，加上每每建设单位和投资者在工期上又追得紧，安全工作往往就形成了说起来重要、做起来不重要的工作。出了事就大事化小、小事化了，能瞒就瞒、瞒不了只好报，这种安全管理确实弊端不少。实际上也可以说在安全管理中这是一块不可忽视的空白。实行建设工程安全监理后，安全监理可在施工现场上按照与建设单位签订的安全监理合同，认真履行国家、政府、行业颁发的安全生产规范标准，扎扎实实地监控施工现场安全生产动态，代表建设单位进行管理，这无不是一个现场安全管理与地方安全监督部门管理之间最好的补白。

（4）有利于构建和谐社会，为社会发展提供安全、稳定的社会和经济环境。做好建设工程安全生产工作，切实保障人民群众生命和国家财产安全是全面建设小康社会、统筹经济社会全面发展的重要内容，也是建设活动各参与方必须履行的法定职责。工程建设监理单位要充分认识当前安全生产形势的严峻性，深入领会国家关于安全监理的方针和政策，牢固树立"责任重于泰山"的意识，切实履行安全生产相关职责，增强抓好安全生产工作的责任感和紧迫感，督促施工单位加强安全生产管理，促进工程建设顺利开展，为构建和谐社会，为社会发展提供安全、稳定的社会和经济环境发挥应有的作用。

（5）有利于提高建设工程安全生产管理水平。在过去几年里，由于工程界对安全监理的看法不一，导致安全监理工作薄弱，甚至没有进行安全监理，使工程监理在施工安全上监控的效果未能充分发挥出来，导致施工现场因违章指挥、违章作业而发生的伤亡事故局面未能得到有效的控制。实行建设工程安全监理制，通过建立工程师对建设工程施工生产的安全监督管理，以及监理工程师的审查、检查、督促整改等手段，促使施工单位进行安全生产，改善劳动作业条件，提高安全技术措施等，保证建设工程施工安全，提高施工单位自身施工安全生产管理水平，从而提高了整体施工行业安全生产管理水平。

5.1.2.3 安全监理的职责

（1）审查施工单位的安全资质并进行确认。审查施工单位的安全生产管理网络，安全生产的规章制度和安全操作规程，特种作业人员和安全管理人员持证上岗情况，以及进入现场的主要施工机电设备安全状况。考核结论意见与国家及各省、自治区、直辖市的有关规定相对照，对施工单位的安全生产能力与业绩进行确认和核准。

（2）监督安全生产协议书的签订与实施。要求由法人代表或其授权的代理人监督安全生产协议书的签订，其内容必须符合法律、法规和行业规范性文件的规定；协议书需以规范的书面形式，与工程承发（分）包合同同时签订，同时生效。监理工程师要对协议书约定的安全生产职责，双方的权利和义务的实际履行实施全过程的监督。

（3）审核施工单位编制的安全技术措施，并监督实施。审核施工单位编制的安全技术措施是否符合国家、部委和行业颁发制定的标准规范；现场资源配置是否恰当，并符合工程项目的安全需要；对风险性较大和专业性较强的工程项目有没有进行过安全论证和技术评审；施工设备及操作方法的改变及新工艺的应用是否采取了相应的防护措施和符合安全保障要求；因工程项目的特殊性而需补充的安全操作规定或作业指导书是否具有针对性和可操作性。监理工程师要对施工安全有关计算数据进行复核，按合同要求对施工单位安全费用的使用进行监督，同时制定安全监理大纲以及和施工工艺流程相对应的安全监理程序，来保证现场的安全技术措施实施到位。

（4）监督施工单位按规定配置安全设施。对配置的安全设施进行审查；对所选用的材料是否符合规定要求进行验证；对主要结构关键工序、特殊部位是否符合设计计算数据进行专门抽验和安全测试；对施工单位的现场设施搭设的自检、记录和挂牌施工进行监督。

（5）监督施工过程中的人、机、环境的安全状态，督促施工单位及时消除隐患。对施工过程中暴露出的安全设施的不安全状态、机械设备存在的安全缺陷、人的违章操作、指挥的不安全行为实施动态的跟踪监理并开具安全监督指令书，督促施工单位按照"三定"（定人、定时、定措施）要求进行处理和整改消项，并复查验证。

（6）检查分部工程、分项工程施工安全状况，并签署安全评价意见。审查施工单位提交的关于工序交接检查和分部工程、分项工程安全自检报告，以及相应的预防措施和劳动保护要求是否履行了安全技术交底和签字手续，并验证施工人员是否按照安全技术防范措施和规程操作签署监理工程师对安全性的评价意见。

（7）参与工程伤亡事故调查，督促安全技术防范措施的实施和验收。监理工程师对工程发生的人身伤亡事故要参与调查、分析和处理，并监督事故现场的保护，用照片和录像进行记录。同时和事故调查组一起分析、查找事故发生的原因，确定预防和纠正措施，确定实施程序的负责部门和负责人员，并确保措施的正确实施和措施可行性、有效性的验证工作的落实。

5.1.2.4 安全监理工作的开展

安全监理工作的开展主要是通过落实责任制，建立完善制度，使监理单位做好安全监理工作。

（1）健全监理单位安全监理责任制。监理单位法定代表人应对本企业监理工程项目的安全监理全面负责。

（2）完善监理单位安全生产管理制度。在健全审查核验制度、检查验收制度和督促整改制度基础上，完善工地例会制度及资料归档制度。定期召开工地例会，针对薄弱环节提出整改意见，并督促落实；指定专人负责建立内业资料的整理、分类及立卷归档。

（3）建立健全人员安全生产教育培训制度。监理单位的总监理工程师和安全监理人员需经安全生产教育培训后方可上岗，其教育培训情况记入个人继续教育档案。

建设主管部门和有关主管部门应当加强建设工程安全生产管理工作的监督检查，督促监理单位落实安全生产监理责任，对监理单位实施安全监理给予支持和指导，共同督促施工单位加强安全生产管理，防止安全事故的发生。

5.2 建筑工程安全监理的性质和任务

5.2.1 建筑工程安全监理的性质

工程建设监理是市场经济的产物，是一种特殊的工程建设活动，它具有以下性质。

1. 服务性

服务性是工程建设安全监理的重要特征之一。首先，监理单位是智力密集型的，它本身不是建设产品的直接生产者和经营者，它为建设单位提供的是智力服务。监理单位拥有一批来自各学科、各行业，长期从事工程建设工作，有着丰富实践经验，精通技术与管理，通晓经济与法律的高层次专门人才。一方面，监理单位的监理工程师通过工程建设活动进行组织、协调、监督和控制，保证建设合同的顺利实施，达到建设单位的建设意图；另一方面，监理工程师在工程建设合同的实施过程中，监督建设单位和承包单位严格遵守国家有关建设标准和规范，贯彻国家的建设方针和政策，维护国家利益和公众利益。从这一意义上理解，监理工程师的工作也是服务性的。其次，监理单位的劳动与相应的报酬是技术服务性的。监理单位与工程承包公司、房屋开发公司、建筑施工企业不同，它不像这类企业那样承包工程，也不参与工程承包的盈利分配，它是按其支付脑力劳动量的多少取得相应的监理报酬。

2. 独立性

独立性是工程建设安全监理的又一重要特征，其表现在以下几个方面。

（1）监理单位在人际关系、业务关系和经济关系上必须独立，其单位和个人不得参与工程建设的各方发生利益关系。我国建设监理有关规定指出，监理单位的各级监理负责人和监理工程师不得是施工、设备制造和材料供应单位的合伙经营者，或与这些单位发生经营性隶属关系，不得承包施工和建材销售业务，不得在政府机关、施工、设备制造和材料供应单位任职。之所以这样规定，正是为了避免监理单位和其他单位之间利益牵制，从而保持自己的独立性和公正性，这也是国际惯例。

（2）监理单位与建设单位的关系是平等的合同约定关系。监理单位所承担的任务不是由建设单位随时指定，而是由双方事先按平等协商的原则确立于合同之中，监理单位可以不承担合同以外建设单位随时指定的任务。如果实际工作中出现这种需要，双方必须通过协商，并以合同形式对增加的工作加以确定。监理委托合同一经确定，建设单位不得干涉监理工程师的正常工作。

（3）监理单位在实施监理的过程中，是处于工程承包合同签约双方（建设单位和承建单位）之外的独立一方，它以自己的名义，行使依法成立的监理委托合同所确认的职权，承担相应的职业道德责任和法律责任。

3．公正性

公正性是指监理单位和监理工程师在实施工程建设安全监理活动中，排除各种干扰，以公正的态度对待委托方和被监理方，以有关法律、法规和双方所签订的工程建设合同为准绳，站在第三方立场上公正地加以解决和处理，做到"公正地证明、决定或行使自己的处理权"。

公正性是监理单位和监理工程师顺利实施其职能的重要条件。监理成败的关键在很大程度上取决于能否与承包商、业主进行良好的合作，相互支持、互相配合。而这一切都是以监理的公正性为基础。

公正性也是监理制对工程建设监理进行约束的条件。实施建设监理制的基本宗旨是建立适合社会主义市场经济的工程建设新秩序，为开展工程建设创造安定、协调的环境，为业主和承包商提供公平竞争的条件。建设监理制的实施，使监理单位和监理工程师在工程项目建设中具有重要的地位。所以为了保证建设监理制的实施，就必须对监理单位和监理工程师制定约束条件。公正性要求就是重要的约束条件之一。

公正性是监理制的必然要求，是社会公认的职业准则，也是监理单位和监理工程师的基本职业道德准则。公正性必须以独立性为前提。

4．科学性

科学意味着先进，先进也就代表着有效益。科学性是监理单位区别于其他一般服务性组织的重要特征，也是其赖以生存的重要条件。监理单位必须能够发现和解决工程设计和承建单位在技术与管理方面存在的问题，能够提供高水平的专业服务，所以建筑工程安全监理工作具有科学性。科学性必须以监理人员的高素质为前提，按照国际惯例，监理单位的监理工程师都必须具有相当的学历，并有长期从事工程建设工作的丰富实践经验，精通技术与管理，通晓经济与法律，经权威机构考核合格并经政府主管部门登记注册，获得证书，才能取得公认的合法资格。监理单位不拥有一定数量这样的人员，就不能正常开展业务，也是没有生命力的。社会监理单位的独立性和公正性也是科学性的基本保证。

5.2.2 建筑工程安全监理的任务

（1）检查施工单位安全生产管理职责，检查施工单位工程项目部安全管理组织结构图，检查施工单位安全保证体系要素、职能分配表，检查施工单位项目人员的安全生产岗位责任制、施工单位保证体系要素及职能分配表。

（2）检查施工单位安全生产保证体系文件。该文件包括：安全生产保证体系程序文件、施工安全各项目管理制度、经济承包责任制；明确的安全指标和包括奖惩在内的保证措施、支持性文件、内部安全生产保证体系审核记录，施工单位内部安全生产保证体系审核记录。

（3）审查施工单位安全设施，保证安全所需的材料、设备及安全防护用品到位。

（4）强化分包单位安全管理，检查施工总承包单位对分包施工安全管理。

（5）检查施工单位安全技术交底及动火审批。检查交底及动火审批目录、记录说明；检查总包对分包的进场安全总交底，对作业人员按工种进行安全操作规程交底，施工作业过程中的分部、分项安全技术交底，安全防护设施交接验收记录；检查动火许可证、模板拆除申请表，检查施工单位之间的安全防护设施交接验收记录。

（6）督促和检查施工单位对安全施工的内部检查。检查施工单位安全检查记录表、脚手架搭设验收单、特殊类脚手架搭设验收单、模板支撑系统验收单、井架与龙门架搭设验收单、施工升降机安装验收单、落地操作平台搭设验收单、悬挂式钢平台验收单、施工现场临时用电验收单、接地电阻测验记录、移动手持电动工具定期绝缘电阻测验记录、电工巡视维修工作记录卡、施工机具验收单，并对安全检查进行记录。

（7）检查施工单位事故隐患控制，检查事故隐患控制记录、事故隐患处理表、违章处理登记表、事故月报表。

（8）检查施工单位安全教育和培训，检查安全教育和培训目录及记录说明，新进施工现场的各类施工人员，必须进行安全教育并做好记录。

（9）检查施工单位职工劳动保护教育卡汇总表，提醒施工单位加强对全体施工人员节前、节后的安全教育并做好记录。

（10）抽查施工单位班前安全活动、周讲评记录。检查施工单位安全员及特种作业人员名册，持证人员的证件。

5.3　建筑工程安全监理的主要内容和程序

5.3.1　建筑工程安全监理的主要内容

安全监理作为建设监理的重要组成部分，应划分为施工招标、施工准备、施工实施、竣工验收四个阶段的安全监理，或者把施工招投标和施工准备合并为施工准备阶段，则为施工准备、施工实施、竣工验收三个阶段的安全监理。

5.3.1.1　施工准备阶段安全监理的主要工作内容

（1）施工招投标阶段审查总包单位、专业分包和劳务分包等施工单位资质和安全生产许可证是否合法有效；协助建设单位办理建设工程安全报监备案手续，协助建设单位与施工单位签订建设工程项目安全生产协议书。

（2）施工准备阶段应根据《建设工程安全生产管理条例》的规定，按照工程建设强制性标准、《建设工程监理规范》（GB 50319）和相关行业监理规范的要求，编制包括安全监理内容的项目监理大纲、项目监理规划等安全监理工作文件，明确安全监理的范围、内容、工作程序和制度措施，以及人员配备计划和职责等。

（3）对中型及以上项目和《建设工程安全生产管理条例》第二十六条规定的危险性较

大的分部分项工程,监理单位应当单独编制安全监理实施细则,危险性较大的分部分项工程包括:

1)基坑支护与降水工程。基坑支护工程是指开挖深度超过5m(含5m)的基坑(槽)并采用支护结构施工的工程;或基坑虽未超过5m,但地质条件和周围环境复杂、地下水位在坑底以上等工程。

2)土方开挖工程。土方开挖工程是指开挖深度超过5m(含5m)的基坑(槽)的土方开挖。

3)模板工程。模板工程是指水平现浇混凝土构件模板支撑系统高度超过4.5m,跨度超过18m,施工总荷载大于10kN/m,集中荷载大于15kN/m的高大模板支撑系统;现浇滑模、爬模、大模板等;特种结构模板工程。

4)起重吊装工程。

5)脚手架工程。危险性较大的脚手架工程包括:高度超过24m的落地式钢管脚手架;附着式升降脚手架,包括整体提升与分片式提升;悬挑式脚手架;门型脚手架;挂脚手架;吊篮脚手架;卸料平台。

6)拆除、爆破工程。采用人工、机械拆除或爆破拆除的工程。

7)其他危险性较大的工程。包括:建筑幕墙的安装施工;预应力结构张拉施工;隧道工程施工;桥梁工程施工;特种设备施工;网架(跨度超过5m的大跨结构安装)和索膜结构施工;6m以上的边坡施工;大江、大河的导流、截流施工;港口工程、航道工程;采用新技术、新工艺、新材料、可能影响建设工程质量安全,已经行政许可、尚无技术标准的施工。

安全监理实施细则应当明确安全监理的方法、措施和控制要点,以及对施工单位安全技术措施的检查方案。

(4)审查审批施工单位编制的施工组织设计中的安全技术措施和危险性较大的分部分项工程安全专项施工方案是否符合工程建设强制性标准要求。

1)审查的主要内容应当包括:

a.施工单位编制的地下管线保护措施方案是否符合强制性标准要求。

b.基坑支护与降水、土方开挖与边坡防护、模板、起重吊装、脚手架、拆除、爆破等分部分项工程的专项施工方案是否符合强制性要求。

c.施工现场临时用电施工组织设计或者安全用电技术措施和电气防火措施是否符合强制性标准要求。

d.冬季、雨季等季节性施工方案的制订是否符合强制性标准要求。

e.施工总平面布置图是否符合安全生产要求,办公室、宿舍、食堂、道路等临时设施以及排水、防火措施是否符合强制性要求。

2)对于施工安全风险较大的工程,监理企业应当根据专家组织论证审查的意见完善安全监理实施细则,督促施工单位按照专家组论证的安全专项施工方案组织施工,并予以审查签认。必须经专家组论证的分部分项工程是指:

a.深基坑工程。开挖深度超过5m(含5m)或地下室3层以上(含3层),或深度虽未超过5m(含5m),但地质条件和周围环境和地下线管极其复杂的工程。

b. 地下暗挖工程。地下暗挖及遇有溶洞、暗河、瓦斯、岩爆、涌泥、断层等地质复杂的隧道。

c. 高大模板工程。水平混凝土构件模板支撑系统，高度超过 8m 或跨度超过 18m，施工总荷载大于 10kN/m，或集中荷载大于 15kN/m 的模板支撑系统。

d. 30m 及以上高空作业的工程。

e. 大江、大河中深水作业工程。

f. 城市房屋拆除爆破和其他土石方爆破工程。

g. 施工安全难度较大的起重吊装工程。

（5）检查施工单位在工程项目上的安全责任制、安全生产规章制度和安全管理保证体系（安全管理网络），及安全监管机构的建立、健全及专职安全生产管理人员配备情况，督促施工单位检查各分包单位的安全生产规章制度的建立情况。

检查施工单位是否制定确保安全生产的各项规章制度包括：

1）安全生产资金保障制度。

2）安全生产教育培训制度。

3）安全检查制度。

4）安全生产事故报告处理制度。

5）施工组织设计和专项安全技术方案编制审批制度。

6）安全技术交底。

7）施工机械设备安全管理制度。

8）特种设备登记检验检测准用制度。

9）从业人员安全教育持证上岗制度。

10）安全生产例会制度。

11）安全生产奖惩制度。

12）安全生产目标责任考核制度。

13）职业危害防治措施制度。

14）重大危险源登记公示制度等。

（6）审查项目经理和专职安全生产管理人员等"三类"人员的安全生产培训考核情况，审查"三类"人是否具备合法资格，其合法资格是否与投标文件相一致。

（7）审核电工、焊工、架子工、起重机械工、塔吊司机及指挥人员、爆破工等特种作业人员的特种作业操作资格证书是否合法有效。

（8）审核施工单位是否针对施工现场实际制定应急救援预案、安全防护措施费用使用和施工现场作业人员意外伤害保险办理情况。

（9）检查施工现场的实际安全施工前提条件。如施工围墙、场地道路硬化、已达施工现场的材料、工具机械设备的检验证明和安全状态。

5.3.1.2　施工阶段安全监理的主要工作内容

（1）监督施工单位落实施工组织设计中的安全技术措施和专项施工方案，及时制止违规施工作业。

（2）对施工现场安全生产情况进行巡视检查，定期巡视检查施工过程中的危险性较大工程作业情况，加强施工现场外脚手架、洞口、临边、安全网架设、施工用电的动态巡视检查，督促施工单位落实《建筑施工安全检查标准》等安全规范和标准。

督促施工单位项目经理部定期或不定期组织项目管理人员及作业人员学习国家和行业现行的安全生产法规和施工安全技术规范、规程、标准；抓好工人入场"三级安全教育"。

督促施工单位在每道工序施工前认真进行书面和口头的安全技术交底，并办理签名手续；根据工程进度并针对事故多发季节，组织施工方召开工作专题会议，鼓励开展各种形式的安全教育活动。

（3）应用危险控制技术，对关键部位、关键工序和易发生事故的重点分项分部工程实施旁站监理。

控制事故隐患是安全监理的最终目的，系统危险的辨别预测、分析评价都是危险控制技术。危险控制技术分宏观控制技术和微观控制技术两大类。宏观控制技术是以整个工程项目为对象，对危险进行控制。采用的技术手段包括：法制手段（政策、法令、规章）、经济手段（奖、惩、罚）和教育手段（入场安全教育、特殊工种教育），安全监理则以法律和教育手段为主。微观控制技术是以具体的危险源为控制对象，以系统工程为原理，对危险进行控制。所采用的手段主要是工程技术措施和管理措施，安全监理则以管理措施为主，加强有关的安全检查和技术方案审核工作。

（4）检查施工现场施工起重机械、整体提升脚手架、模板等自升式架设设施的验收或检验、检测手续。对整体提升脚手架、模板、塔吊、机具应要求施工单位在安装后组织验收，严格办理合格使用移交手续，防止防护措施不足及带病运转使用。对塔吊等起重机械还要检查是否按《特种设备安全检查条例》的规定，经有资格的检验检测机构检验检测合格。

（5）检查施工现场各种安全标志和安全防护措施是否符合强制性标准要求，并检查安全生产费用的使用情况。

（6）监督施工单位使用合格的安全防护用品。对安全网、安全帽、安全带、漏电保护开关、标准配电箱、脚手架连接件等要进行材料报审工作，确保采购符合国家标准要求的产品。施工单位按规定使用安全防护用品前要进行检查和检测，严禁使用劣质、失效或国家命令淘汰产品，以保证防护用品的安全使用。

（7）督促施工单位进行安全自查工作（班组检查、项目部检查、公司检查），并对施工单位自查情况进行抽查，参加建设单位组织的安全生产专项检查。督促施工方在狠抓安全检查的同时及时落实安全隐患的整改工作。

（8）对工程参与各方履行安全职责行为的检查。监理单位除了对施工单位加强安全监理外，还有权对建设、勘察、设计、机械设备安装等工程参与各方是否履行其安全责任进行监督，对违反有关条文规定或拒不履行其相应职责而可能严重影响施工安全的行为，应通报政府有关建设工程安全监督部门，以确保工程施工安全。

（9）发生重大安全事故或突发性事件时，应当立即下达暂时停工令，并督促施工单位立即向当地建设行政主管部门（安全监督机构）和有关部门报告，并积极配合有关部门、单位做好应急救援和现场保护工作。

以房屋建筑施工阶段安全监理为例，监理企业应按施工准备阶段、地基与基础处理施工阶段、土方开挖工程施工阶段、主体结构工程施工阶段、装饰工程施工阶段、竣工验收阶段指导项目监理组工作，监理人员应严格按期要求开展安全监理工作。

5.3.1.3 竣工验收阶段安全监理的主要工作内容

工程竣工后，监理单位应将有关安全生产的技术文件、验收记录、监理规划、监理实施细则、监理月报、监理会议纪要及相关书面通知等按规定立卷归档。督促施工单位制定安全保卫、防火制度，防止建筑产品及设备损害。

竣工验收阶段应建立和收集安全监理全过程工程资料。监理企业应当建立严格的安全监理资料管理制度，规范资料管理工作。安全监理资料必须真实、完整，能够反应监理企业及监理人员依法履行安全监理职责的全貌，在实施安全监理过程应当以文字材料作为传递、反馈记录各类信息的凭证。监理人员应当在监理日志中记录当天施工现场安全生产和安全监理工作情况、记录发现和处理的安全问题；总监理工程师应当定期审阅并签署意见。监理月报应包含安全监理内容，对当月施工现场的安全施工状况和安全监理工作做出评述，报建设单位。

安全监理内业资料主要包括以下内容。

（1）管理性文件。监理大纲、施工现场监理部安全管理的程序文件及项目部监理规划、目标、相关细则、体系、安全监理网络和安全监理机构；建设单位与施工承包单位的安全管理合同，建设单位与监理单位的安全管理合同或协议书；建设和工程施工现场安全生产管理文件、管理体系、安全机构和现场安全生产委员会的建立；施工承包单位项目部安全生产管理机构、网络和安全生产、文明施工、环境健康管理制度。

（2）审批资料。施工承包单位企业（包括分包单位）资质等资料；进场施工机械、设备和起重设施报验资料（包括大型机械设备进场安装后的验收资料）；项目经理、技术负责人、专职安全人员、特种作业人员报验资料（需提供证件复印件）；进场安全防护用品、材料等采购的相关报验资料；施工承包单位对工程建设重大危险源及控制措施的分析和预评价；审批单位工程开工报告记录。

（3）审核文件。施工组织设计和施工现场临时用电施工组织设计；进场施工机械、设备和起重设施报验资料（包括大型机械设备进场安装后的验收资料）；重大项目或危险作业项目编制的专项安全施工措施或方案；应急救援预案。

（4）施工现场监控资料。安全检查总结；定期、不定期进行安全、文明施工与环境健康检查记录；隐患整改通知单；隐患整改反馈单；重大危险项目旁站记录；安全监理日志；施工现场安全、文明施工协调记录；应急救援预案演练。

（5）安全教育和培训资料。建设单位对进场施工承包单位的进场总安全交底；项目监理部内部进行人员安全教育、日常安全教育及安全技术培训；项目监理部内部和监理公司安全活动、考核记录；施工现场由建设单位或监理组织的较大的安全教育活动记录。

（6）会议纪要。安全例会记录及纪要；专题安全会议纪要；每月安全综合评价会议纪要。

（7）安全月报及事故处理资料。月事故报表；事故处理记录。

5.3.2 建筑工程安全生产的监理责任

《建设工程安全生产管理条例》第十四条规定：工程监理单位应当审查施工组织设计中的安全技术措施或者专项施工方案是否符合工程建设强制性标准。

工程监理单位在实施监理过程中，发现存在安全事故隐患的，应当要求施工单位整改；情况严重的，应当要求施工单位暂时停止施工，并及时报告建设单位。施工单位拒不整改或者不停止施工的，工程监理单位应当及时向有关主管部门报告。

工程监理单位和监理工程师应当按照法律、法规和工程建设强制性标准实施监理，并对建设工程安全生产承担监理责任。

（1）《建设工程安全生产管理条例》第五十七条规定：工程监理单位有下列行为之一，即被认为违反了该条例的规定。

1）未对施工组织设计中的安全技术措施或者专项施工方案进行审查。

2）发现安全事故隐患未及时要求施工单位整改或者暂时停止施工的。

3）施工单位拒不整改或者不停止施工，未及时向有关主管部门报告的。

4）未依照法律、法规和工程建设强制性标准。

责令限期改正；逾期未改正，责令停业整顿，并处 10 万以上 30 万以下的罚款；情节严重的，降低资质等级，直至吊销资质证书；造成重大安全事故，构成犯罪的，对直接责任人员，依照刑法有关规定追究刑事责任；造成的损失，依法承担赔偿责任。

（2）建设工程安全生产的四大监理责任主要包括以下内容。

1）审查签字认可施工组织设计中的安全技术措施或专项施工方案。未进行审查的，监理单位应承担《建设工程安全生产管理条例》第五十七条规定的法律责任。

2）在监理巡视检查过程中，发现存在安全事故隐患的，应按照有关规定及时下达书面指令要求施工单位进行整改或停止施工的。发现安全事故隐患没有及时下达书面指令要求施工单位进行整改或停止施工的，监理单位应承担《建设工程安全生产管理条例》第五十七条规定的法律责任。

3）施工单位拒绝按照监理单位的要求进行整改或者停止施工的，监理单位应及时将情况向当地建设主管部门或工程项目的行业主管部门报告。监理单位没有及时报告，应承担《建设工程安全生产管理条例》第五十七条规定的法律责任。

4）依照法律、法规和工程建设强制性标准实施安全监理。否则，应当承担《建设工程安全生产管理条例》第五十七条规定的法律责任。

监理单位履行了上述规定的职责，施工单位未执行监理指令继续施工或发生安全事故的，应依法追究监理单位以外的其他相关单位和人员的法律责任。

5.3.3 落实安全生产监理责任的主要工作

（1）健全监理单位安全监理责任制、建立以安全责任制为中心的安全监理制度及运行机制。

监理企业的法定代表人对本单位承担监理的建设工程项目的安全监理工作全面负责。

项目总监理工程师对工程项目的安全监理工作负总责，并根据工程项目特点，明确监理人员的安全监理职责，明确安全监理方案、安全监理内容、工作程序、工作措施。

项目其他监理人员在总监理工程师的指导下，按照职责分工，对各自承担的安全监理任务负责。

对大型工程项目，或工程总量不大，但施工安全风险较大的工程项目，监理企业应当在施工现场建立专门的安全监理专班，配备专职安全监理工程师，实施安全监理。

对中型工程项目，监理企业应当在施工现场配备专职的安全监理工程师，实施安全监理。

对小型工程项目，由总监理工程师负责实施安全监理。

（2）完善监理单位安全生产管理制度。在健全审查核验制度、检查验收制度和督促整改制度基础上，完善工地例会制度及资料归档制度。定期召开工地例会，针对薄弱环节提出整改意见，并督促落实；制定专人负责监理内业资料的整理、分类及立卷归档。

（3）建立监理人员安全生产教育培训制度。《关于落实建设工程安全生产监理责任的若干意见》（建市［2006］248号）规定：监理单位的总监理工程师和安全监理人员需经安全生产教育培训后方可上岗，其教育培训情况计入个人继续教育归档。

5.3.4　建筑工程安全监理的程序

1. 监理单位的建筑工程安全监理工作程序

（1）监理单位按照《建设工程监理规范》和相关行业监理规范要求，编制含有安全监理内容的监理规划和监理实施细则。

（2）在施工准备阶段，监理单位审查核验施工单位提交的有关技术文件及资料，并由项目总监在有关技术文件报审表上签署意见；审查未通过的，安全技术措施及专项施工方案不得实施。

（3）在施工阶段，监理单位应对施工现场安全生产情况进行巡视检查，对发现的各类安全事故隐患，应书面通知施工单位，并督促其立即整改；情况严重的，监理单位应及时下达工程暂停令，要求施工单位停工整改，并同时报告建设单位。安全事故隐患消除后，监理单位应检查整改结果，签署复查或复工意见。施工单位拒不整改或不停工整改的，监理单位应当及时向工程所在地建设主管部门或工程项目的行业主管部门报告，以电话形式报告的，应当有通话记录，并及时补充书面报告。检查、整改、复查、报告等情况应记载在监理日志、监理月报中。监理单位应核查施工单位提交的施工起重机械、整体提升脚手架、模板等自升式架设设施和安全设施等验收记录，并由安全监理人员签收备案。

（4）工程竣工后，监理单位应将有关安全生产的技术文件、验收记录、监理规划、监理实施细则、监理月报、监理会议纪要及相关书面通知等按规定立卷归档。

2. 施工阶段安全监理的具体工作

（1）审查施工单位的安全资质等有关证件。安全资质证件包括：《营业执照》、《施工许可证》、《安全资质证书》、《建筑施工安全监督书》等。

（2）审查施工单位有关安全生产的文件。有关安全生产的文件包括：安全生产管理机构的设置及安全专业人员的配备、安全生产责任制及管理体系、安全生产规章制度、特种作业人员的上岗证及管理情况、各工种的安全生产操作规程、主要施工机械、设备的技术性能及安全条件等。

（3）审查施工单位的施工组织设计中的安全技术措施或者专项施工方案。工程监理单位对施工安全的责任主要体现在审查施工单位的施工组织设计中的安全技术措施或者专项施工方案是否符合工程建设强制性标准对一些关键部位和需要控制的部位，要提出相应的安全技术措施。在具体程序上，建设工程的监理工程师首先熟悉设计文件，并对图纸中存在的有关问题提出书面的意见和建议，并按照《建设工程监理规范》的要求，在工程项目开工前，由总监理工程师组织专业监理工程师审查施工单位报送的施工组织设计，提出审查意见，并经总监理工程师审核、签字后报送建设单位。

（4）审核施工组织设计中安全技术措施的编写、审批是否齐全。

1）安全技术措施应由施工企业工程技术人员编写。

2）安全技术措施应由施工企业技术、质量、安全、工会、设备等有关部门进行联合会审。

3）安全技术措施应由具有法人资格的施工企业技术负责人批准。

4）安全技术措施变更或修改时，应按原程序由原编制审批人员批准。

（5）审核施工组织设计中安全技术措施或专项施工方案是否符合工程建设强制性标准。

1）土方工程。包括地上障碍物的防护措施是否齐全完整，地下隐蔽物的保护措施是否齐全完整，相邻建筑物的保护措施是否齐全完整，场区的排水防洪措施是否齐全完整，土方开挖时的施工组织及施工机械的安全生产措施是否齐全完整，基坑边坡的稳定支护措施和计算书是否齐全完整，基坑四周的安全防护措施是否齐全完整。

2）脚手架。包括脚手架设计方案（图）是否齐全完整可行，脚手架设计验算书是否正确齐全完整，脚手架施工方案及验收方案是否齐全完整，脚手架使用安全措施是否齐全完整，脚手架拆除方案是否齐全完整。

3）模板施工。包括模板结构设计计算书的荷载取值是否符合工程实际，计算方法是否正确；模板设计中支撑系统体系、连接件等的设计是否按期合理；图纸是否齐全；模板设计中安全措施是否周全。

4）高处作业。包括临边作业的防护措施是否齐全完整，洞口作业的防护措施是否齐全完整，悬空作业的安全防护措施是否齐全完整。

5）交叉作业。包括交叉作业时的安全防护措施是否齐全完整，安全防护棚的设置是否满足安全要求，安全防护棚的搭设方案是否完整齐全。

6）塔式起重机。包括地基与基础工程施工是否能满足使用安全和设计需要；起重机拆装的安全措施是否齐全完整，起重机使用过程中的检查维修方案是否齐全完整，起重机驾驶员的安全教育计划和班前检查制度是否齐全，起重机的安全使用制度是否健全。

7）临时用电。包括电源的进线、总配电箱的装设位置和线路走向是否合理，负荷计算是否正确完整，选择的导线截面和电气设备的类型规格是否正确，电气平面图、接线系统图是否正确完整，施工用电是否采用 TN－S 接零保护系统，是否实行"一机一闸"制，是否满足分级分段漏电保护，照明用电措施是否满足安全要求。

8）安全文明管理。包括检查现场挂牌制度、封闭管理制度、现场围挡措施、总平面布置、现场宿舍、生活设施、保健急救、垃圾污水、放火、宣传等安全文明施工措施是否符合安全文明施工的要求。

（6）审核安全管理体系和安全专业管理人员资格。健全的安全管理体系是施工单位安全生产的根本前提和重要保障。专职安全生产管理人员不仅对安全生产现场进行监督检查，及时向项目负责人和安全生产管理机构报告发现的安全隐患，还要及时制止违章指挥、违章操作的行为。安全专业管理人员是施工单位专门负责安全生产管理的人员，是国家法律、法规、标准在本单位实施的具体执行者，应经有关部门考核取得相应资格后方可上岗。

（7）审核新工艺、新技术、新材料、新结构的使用安全技术方案及安全措施。随着我国经济的迅速发展、科学的长足进步以及引进国外先进技术和先进设备的增加，越来越多的新工艺、新材料、新技术、新设备被广泛应用于施工生产活动中，这对促进施工单位的生产效率和质量具有重要意义，也给经济发展带来巨大的生机与活力；但另一方面，施工单位对新工艺、新材料、新技术、新设备的了解或认识不足，对其安全性能掌握不充分或者没有采取有效的安全防护措施等就可能导致事故的发生。监理工程师应认真审核其使用安全技术方案及安全措施，确保安全生产、技术进步和实现其经济价值。

（8）审核安全设施和施工机械、设备的安全控制措施。施工机械设备是施工现场的重要设备，随着工程规模的扩大和施工工艺的提高，其在施工中的地位越来越突出。但是，目前施工现场使用的施工机械设备的产品质量不容乐观，有的安全保险和限位装置不齐全，有的安全保险和限位装置失灵，有的在设计和制造方面存在重大质量缺陷和安全隐患，导致安全事故时有发生。因此应审核施工机械设备的安全保护装置配备是否齐全，并保证其灵敏可靠，以保证施工机械设备安全使用，减少施工机械设备事故的发生。

（9）严格依照法律、法规和工程建设强制性标志实施建设工程安全监理。监理工程师应充分利用一切监理手段对施工过程进行严格监理，坚决制止和纠正不安全行为，督促施工单位按照施工安全生产法律、法规和标准组织施工，杜绝各类安全隐患，保证实现安全生产。

（10）现场监督与检查，发现安全事故隐患时及时下达监理通知，要求施工单位整改或暂停施工。

1）监理人员根据工程进展情况，开展日常现场跟踪监理工作。对各工序安全情况进行跟踪监督、现场检查，验证施工人员是否按照安全技术防范措施和操作规程操作施工。如发现安全隐患，及时下达监理通知，责令施工企业整改。

2）除日常跟踪检查外，视施工情况对主要结构、关键部位的安全状况进行检查，必要时可做抽检和检测工作；

3）每日将安全检查情况记录在《监理日记》中。

4）及时与建设行政主管部门进行沟通，汇报施工现场安全情况，必要时，以书面形式汇报，并做好汇报记录。

（11）如遇到下列情况，监理人员要直接下达暂停施工令，并及时向项目总监和建设单位汇报。

1）施工中出现安全异常，经提出后，施工单位未采取改进措施或改进措施不符合要求。

2）对已发生的工程事故未进行有效处理而继续作业。

3）安全措施未经自检而擅自使用。

4）擅自变更设计图纸进行施工。

5）使用没有合格证明的材料或擅自替换、变更工程材料。

6）未经安全资质审查的分包单位的施工人员进入施工现场施工。

7）出现安全事故。

（12）施工单位拒不整改或者不停止施工，及时向建设单位和建设行政主管部门报告。

（13）要求总承包单位要统一管理分包单位的安全生产工作，对施工现场的安全生产负总责；也要求分包单位服从总承包单位的安全生产管理，包括制定安全生产责任制度、遵守相关的规章制度和操作规程等。

本 章 小 结

本章介绍了安全生产的基本概念、基本原则、控制途径、方针、管理目标，安全监理的概念、作用、职责、工作开展的一般方法；阐述了建筑工程安全监理的性质、任务；重点讲述了建筑工程安全监理的责任、主要工作内容和程序。

复 习 思 考 题

（1）阐述安全生产和安全监理的概念。

（2）安全生产有哪些基本原则？

（3）安全生产的控制途径有哪些？

（4）安全生产方针的内容有哪些？

（5）安全生产管理的目标是什么？

（6）安全监理的依据是什么？

（7）安全监理与传统"三控制"有什么关系？

（8）安全监理的作用是什么？

（9）安全监理的职责是什么？

（10）建筑工程安全监理的性质是什么？

（11）建筑工程安全监理的任务是什么？

（12）建筑工程安全生产的监理责任是什么？

（13）建筑工程安全监理的主要工作内容和程序是什么？

第6章　建筑工程合同管理与信息管理

学习目标

了解合同及建设工程合同的基本概念，熟悉合同管理的内容，熟悉监理合同、施工合同中发包人和承包人各自的权利、责任和义务，了解信息管理的基本概念，掌握建设工程信息管理的内容，熟悉建设工程监理信息系统。

6.1　建筑工程合同管理

6.1.1　建设工程合同管理概述

合同管理制度是我国按照社会主义市场经济的原则和现代企业制度进行工程管理而建立的一项重要制度。建设工程合同管理涉及监理（咨询）、金融、设计、施工等单位和机构，从始到终贯穿了工程建设的各个阶段。对于以合同为工作依据的监理人员，学习合同管理知识显得尤为重要。

1．工程建设合同的基本概念

为了保护合同各方当事人的合法权益，维护社会秩序，促进社会主义建设，我国于1999年3月15日第九届全国人民代表大会第二次会议批准颁布了《中华人民共和国合同法》（以下简称《合同法》），并从1999年10月1日起施行。

《合同法》第二条对合同的概念做出了规定："本法所称合同是平等主体的自然人、法人、其他组织之间设立、变更、终止民事权利义务关系的协议。"合同作为一种协议，必须是当事人双方意思表示一致的民事法律行为。合同是当事人行为合法性的依据。合同中所确定的当事人的权利、义务和责任，必须是当事人依法可以享有的权利和能够承担的义务和责任，这是合同具有法律效力的前提。

任何合同都应具有三大要素，即合同的主体、客体和合同内容。

（1）合同主体。即签约双方的当事人。合同的当事人可以是自然人、法人或其他组织，且合同当事人的法律地位平等，一方不得将自己的意志强加于另一方。依法签订的合同具有法律效力。当事人应按合同约定履行各自的义务，不得擅自变更或解除合同。

（2）合同客体。合同客体是指合同主体的权利与义务共同指向的对象。如建设工程项目、货物、劳务、智力成果等。客体应规定明确，切忌含混不清。

（3）合同内容。指签约合同双方的具体的权利、义务和责任。

工程建设合同是承包商进行工程建设，发包人支付工程价款的合同。工程建设合同的客体是工程；工程建设合同的主体是发包人和承包商。发包人是业主或业主委托的管理机构，承包商是承担勘察、设计、建筑和安装施工任务的勘察人、设计人或施工人。建设工程实行监理的，发包人也应当与监理人订立委托监理合同。

工程建设合同是一种诺成合同，合同订立生效后双方均应严格履行。同时，建设工程合同也是一种有偿合同，合同双方当事人在执行合同时，都享有各自的权利，同时必须履行自己应尽的义务，并承担相应的责任。

2. 工程建设合同的特征

（1）合同主体的严格性。工程建设合同主体一般只能是法人。发包人一般只能是经过批准进行工程项目建设的法人，必须有国家批准的建设项目，落实投资计划，并且应当具备相应的协调能力；承包人则必须具备法人资格，而且应当必须具备相应的从事勘察、设计、施工、监理等业务的资质。

（2）合同客体的特殊性。工程建设合同的客体是各类建筑产品，建筑产品的形态往往是多种多样的。建筑产品的单件性及固定性等特点决定了工程建设合同客体的特殊性。

（3）合同履行期限的长期性。建设工程由于结构复杂、体积大、工作量大、建筑材料类型多、投资巨大，使得建设工程的生产周期一般较长，从而导致工程建设合同履行期限较长。同时，由于投资额巨大，工程建设合同的订立和履行一般都需要较长的准备期。而且，在合同的履行过程中，还可能因为不可抗力、工程变更、材料供应不及时等原因而导致合同期限的延长。综上所述，决定了工程建设合同的履行期限的长期性。

（4）投资和建设程序的严格性。由于工程建设对国家的经济发展和广大人民群众的工作和生活都有重大的影响，因此，国家对工程项目在投资和建设程序上有严格的管理制度。订立工程建设合同也必须以国家批准的投资计划为前提。即使是非国家投资方式筹集的其他资金，也要受到当年的贷款规模和批准限额的限制，该投资也要纳入当年投资规模，进行投资平衡，并要经过严格的审批程序。工程建设合同的订立和履行还必须遵守国家关于基本建设程序的有关规定。

3. 工程建设合同的作用

（1）合同确定了工程建设和管理的目标。合同的主要内容包括：

1）工期和建设地点，包括建设地点和施工场地、工程开工和结束的日期、工程中主要活动的延续时间等，都是由合同协议书、工程进度计划所决定的。

2）工程规模、范围和质量，包括工程的类型和尺寸、工程要达到的功能和能力，设计、施工、材料等方面的质量标准和规范等，是由合同条款、规范、图纸、工程量清单、供应单等决定的。

3）价格和报酬，包括工程总造价，各分项工程的单价和合价，设计、服务费用和报酬等，是由合同协议书、中标函、工程量清单等决定的。

（2）合同是工程建设过程中双方纠纷解决的依据。在建设过程中，由于合同实施环境的变化、合同条款本身存在模糊、不确定等因素，合同纠纷是难免的。重要的是如何正确解决这些纠纷。合同有两个决定性作用：一是判定纠纷责任要以合同条款为依据，即根据合同判定应由谁对纠纷负责以及应负什么样的责任；二是纠纷的解决必须按照合同所规定的解决方式和程序进行。

（3）合同是工程建设过程中双方活动的准则。工程建设中双方的一切活动都是为了履行合同，必须按合同办事，全面履行合同所规定的权利和义务，并承担所分配风险的责任。双方的行为都要受合同约束，一旦违约，就要承担法律责任。

（4）合同是协调并统一参加建设者行动的重要手段。一个工程项目的建设往往有相当多的参与单位，有业主、勘察设计、施工、咨询、监理单位，也有设备和物资供应、运输、加工单位，还有银行、保险公司等金融单位，并有政府有关部门、群众组织等。每一个参与者均有自身的目标和利益追求，并为之努力活动。要使各参与者的活动协调统一，为工程总目标服务，就必须依靠为本工程顺利建设而签订的各种合同。项目管理者要通过与各单位签订的合同，将各合同和合同规定的活动在内容上、技术上、组织上、时间上协调统一，形成一个完整、周密、有序的体系，以保证工程有序的按计划进行，顺利地实现工程总目标。

6.1.2　合同管理的内容

所谓合同管理，是指监理工程师在工程建设监理过程中，根据监理合同的要求，对建设工程承包合同的签订、履行、变更和解除进行监督检查，对合同双方争议进行调整和处理，以保证合同的依法签订和全面履行而进行的一系列活动。

6.1.2.1　合同的订立

1. 订立合同的程序

订立合同是指合同的当事人双方依法就合同的各项条款，通过协商达成一致的法律行为。

订立合同的程序，是指当事人双方就合同的主要条款经过协商一致，并签署书面协议的过程。一般先由当事人一方提出要约，再由另一方做出承诺的意思表示，签字、盖章后，合同即告成立。在法律程序上订立合同的全过程划分为要约和承诺两个阶段。要约和承诺属于法律行为，当事人双方一旦做出相应的意思表示，就要受到法律的约束，否则就会承担相应的法律责任。

订立合同的程序往往是一个要约，新要约，再要约直至承诺的过程。承诺生效时合同成立，承诺生效的地点为合同成立地点。

2. 建设工程合同的订立

建设工程合同一般都是通过招投标的方式竞争取得合同订立的机会，然后经过在招标原则之下的合同谈判达成一致，最后签订合同。作为监理工程师，协助业主签订合同的主要工作就是协助业主招标及合同谈判的工作。主要工作包括：检查业主是否具有合同发包的基础条件，协助业主编制招标方案，协助业主编制招标文件，协助业进行资格审查及开标，协助业主进行合同谈判，协助业主起草合同文件等工作。

6.1.2.2　合同的履行

1. 合同履行的概念及原则

合同的履行，是指当事人双方根据合同的条款，实现各自享有的权利，并承担各自负有的义务。合同履行应遵守如下原则：

（1）全面、适当履行原则。全面、适当履行，是指合同当事人双方应当按照合同约定全面履行自己的义务，包括履行义务的主体、标的、数量、质量、价款或者报酬以及履行的方法、地点、期限等。

（2）诚实信用的原则。诚实信用原则贯穿了合同的订立、履行、变更、终止等全过程。诚实信用原则的基本内容是指合同当事人善意的心理状况，它要求当事人在进行民事活动中不搞欺诈行为，恪守信用，尊重交易习惯、不得回避法律和歪曲合同条款；正当竞争，反对垄断，尊重社会公共利益，不得滥用权力等。

（3）公平合理，促进合同履行原则。合同当事人双方自订立合同起，直到合同的履行、变更、转让以及发生争议时对纠纷的解决，都应当依据公平合理的原则，按照《合同法》的规定，根据合同的性质、目的和交易习惯善意地履行通知、协助、保密等义务。

（4）当事人一方不得擅自变更合同原则。合同依法订立即具有法律约束力，因此合同当事人任何一方均不得擅自变更合同的内容。

2. 合同履行管理

合同履行管理实际上是通过监督检查等方法和手段，发现合同执行中存在的问题，并根据法律、法规和合同的规定加以解决，以提高合同的履约率，使工程项目能够顺利地建成。对合同条款进行经常性地解释也属合同管理的内容之一，也是监理工程师合同管理的日常工作。

合同的性质不同，合同履行管理工作的内容也有差异。下面以施工合同为例，说明合同履行管理工作的主要内容。

（1）施工合同的进度控制。如在施工准备阶段，要对合同工期及开工日期的进行落实、承包人提交的进度计划的确认、设计图纸的提供日期、材料设备的采购、延期开工的处理等。在施工阶段，要监督进度计划的执行、对设计变更工期延误的处理等。在竣工验收阶段，要督促承包人完成工程扫尾工作、协调工作验收中的各方关系等。

（2）施工合同的质量控制。工程质量是施工过程中控制的重要环节。在施工过程中的质量控制涉及对合同适用标准、规范的约定、设计图纸质量的审查、材料设备质量的控制、施工企业的质量管理、施工过程隐蔽工程的检查、质量事故的处理、中间验收和竣工验收等具体工作。

（3）施工合同的投资控制。主要管理工作内容包括：施工合同价款的约定调整工作，工程预付款及工程进度款支付，变更价款的确定，其他费用的控制，竣工结算，质量保修金的管理等。

（4）不可抗力事件的处理。即对不可抗力事件的确认、在不可抗力事件发生后合同双方的工作，不可抗力导致的费用及工期延误的处理等。

（5）工程分包及转包的管理。转包是指承包人将其承包的项目倒手转让给他人，使他人实际上成为该项目的新的承包人的行为。从实践中看，转包行为有很大的危险性。从工程建设领域看，转包工程项目形成"层层转包、层层扒皮"的现象，最后实际用于工程建设的费用大为减少，导致严重偷工减料；一些工程转包后由不具备相应资质的承包工人承揽，留下严重的工程质量隐患，甚至造成重大质量事故。工程项目的转包破坏了合同关系应有的稳定性、严肃性。我国法律对工程项目的转包作出了禁止性规定：承包人不得将其承包的全部工程转包给他人，也不得将其承包的全部工程肢解以后以分包的名义分别转包给他人。

工程分包是指承包人按照合同约定或者经发包人同意，将所承包的项目中的非主体、非关键性工作分包给他人完成。我国的法律、法规对分包做出了较为严格的规定。

建筑工程总承包单位按照总承包合同的约定对建设单位负责，分包单位按照分包合同的约定对总承包单位负责。总承包单位和分包单位就分包工程对建设单位承担连带责任。

禁止总承包单位将工程分包给不具备相应资质条件的单位。

禁止分包单位将其承包的工程再分包。

分包工程价款由承包人直接与分包单位结算。发包人未经承包人同意不得以任何形式向分包单位支付各种工程款项。

（6）违约责任管理　违约的责任是指合同当事人不履行合同义务或者履行合同义务不符合约定时，依照法律规定或当事人约定必须承担的法律责任。《合同法》规定，当事人一方不履行合同义务或者履行合同义务不符合约定的应当承担继续履行，采取补救措施，或赔偿损失等违约责任。监理工程师对违约管理的工作内容主要有两项：一是确认发包方或承包方的违约事实，二是对违约事件进行处理。

6.1.2.3　合同的变更

所谓合同变更，是指合同依法成立后，在尚未履行或尚未完成履行时，当事人双方依法经过协商，对合同的内容进行修订或调整所达成的协议。《合同法》规定，当事人协商一致可以变更合同；当事人因重大误解、明显有失公平、欺诈、胁迫或乘人之危而订立合同，受害人一方有权请求人民法院或者仲裁机构变更或者撤销合同。建筑工程合同变更的内容常见的是工程变更。

1. 工程变更

在施工过程中的工程变更对施工进度的影响最大，监理工程师在其可能的范围内应尽量减少工程变更。如果必须对工程进行变更，应当严格按国家的规定和合同约定的程序进行。工程变更可以由发包人、监理人、承包人等发起，变更指示由监理人发出。

2. 工程变更的内容

1）增加或减少合同中任何工作，或追加额外的工作。

2）取消合同中任何工作，但转由他人实施的工作除外。

3）改变合同中任何工作的质量标准或其他特性。

4）改变工程的基线、标高、位置和尺寸。

5）改变工程的时间安排或实施顺序。

6.1.2.4　合同索赔管理

索赔是工程承包合同履行中，当事人一方因对方不履行或不安全履行既定的义务，或者由于对方的行为使权利人受到损失时，要求对方补偿损失的权利。索赔的性质属于经济补偿行为而非惩罚。索赔方所受到的损害，与被索赔方的行为并不一定存在法律上的因果关系。

1. 施工索赔的分类

1）按索赔的内容可分为工期索赔和费用索赔。

2）按索赔的当事方不同，索赔可分为承包方同发包方之间的索赔、总包方同分包方之间的索赔、承包方同供应商之间的索赔、承包方向保险公司索赔。

3）按索赔的依据分为合同内的索赔、合同外的索赔和道义索赔（额外支付）。

2. 索赔的起因

引起索赔的原因是多种多样的，主要原因有以下几个方面：

1）业主的违约。

2）合同的缺陷。

3）实施条件发生变化。

4）工程变更。

5）工期拖延。

6）监理工程师的指令。

7）国家政策及法律法规的变更。

8）其他承包商的干扰。

9）其他第三方的原因等。

3. 索赔的程序

我国施工合同示范文本规定了索赔程序。如果发包人未能按合同约定履行自己的义务，发包人自己发生错误或者应由发包人承担的其他情况，造成工期延误和（或）承包人不能及时得到合同价款及承包人的其他经济损失，承包人可按下列程序以书面形式向发包人索赔。

（1）发出索赔意向通知书。索赔事件发生后28天内，向工程师发出索赔意向通知书。

（2）递交索赔报告。发出索赔意向通知后28天内，向工程师提出延长工期和（或）补偿经济损失的索赔报告等有关资料。

（3）监理工程师对索赔进行处理的时限。工程师在收到承包人送交的索赔报告和有关资料后，于28天内予以答复，或要求承包人进一步补充索赔理由和证据。工程师在收到承包人送交的索赔报告和有关资料后28天内未予答复或未对承包人做进一步要求，视为该项索赔已经认可。当该索赔事件持续进行时，承包人应当阶段性向工程师发出索赔意向，在索赔事件终了后28天内，向工程送交索赔的有关资料和最终索赔报告。

（4）监理工程师处理索赔的程序。监理工程师审核索赔文件；如果需要，可要求承包商进一步提交更详尽的资料；监理工程师提出索赔的初步审查意见；与承包商谈判，澄清事实和解决索赔；如果监理工程师与承包商取得一致意见，形成最终的处理意见，如果有分歧的话，则监理工程师可单方面提出最终的处理意见；若承包商对监理工程师的决定不服，可提请仲裁上诉，监理工程师则应准备相应材料。

4. 索赔成立的条件

依据合同条件内涉及索赔原因的各条款内容可以归纳出工程师判断承包商索赔成立的条件应为：

（1）与合同相对照，事件已造成了承包商施工成本的额外支出或者直接工期损失。

（2）造成费用增加或工期损失的原因，按合同约定不属于承包商应承担的行为责任或风险责任。

（3）承包商按合同规定的程序，提交了索赔意向通知和索赔报告。

以上三条没有先后主次之分，应当同时具备。只有监理工程师认定索赔成立后，才按一定程序处理。

5. 监理工程师对索赔的管理工作

索赔管理是监理工程师进行工程项目管理的主要任务之一，其基本目标是尽量减少索赔事件的发生，能合理地解决索赔问题。

（1）预测和分析导致索赔原因的可能性。在施工合同的形成和实施过程中，监理工程师为业主承担大量具体的技术、组织和管理工作。如果在这些工作中出现疏漏，给承包商施工造成干扰，则产生了索赔。承包商和合同管理人员常常在寻找这些疏漏，寻找索赔机会。所以监理工程师在工作中应能预测到自己行为的后果，堵塞漏洞。在起草文件、下达指令、做出决定、答复请示时都应注意到完备性和严密性，颁发图纸、做出计划和实施方案时，都应考虑其正确性和周密性。

（2）通过有效的合同管理减少索赔事件发生。在施工中，监理工程师作为公正的第三方，应当在业主和承包商之间做好协调、缓冲工作，为双方建立一个良好的合作气氛。通常合同实施越顺利，双方合作得越好，索赔事件就越少。同时，通过合同监督和跟踪，不仅可以及早发现干扰事件，也可以及早采取措施减少干扰事件的影响，减少双方的损失，及早了解情况，为合理解决索赔提供条件。

（3）公正地处理和解决索赔。合理的解决业主和承包商之间的索赔，有利于工程项目目标的顺利实现，承包商得到合同规定的合理补偿，而业主又不多支付，合同双方都心悦诚服，对解决结果满意，有利于继续保持友好的合作关系。

6. 监理工程师处理索赔原则

1）尽量将争执解决于签订合同之前。监理工程师在签订合同前或合同实施前就应对索赔因素、合同中的漏洞有充分预测和分析，以减少工作中失误，减少索赔事件的产生。

2）公平合理。监理工程师在行使权力、作出决定、下达指令、决定价格、调解争执时不能偏袒任何一方，应站在公正的立场上行事。由于业主和承包商之间的和经济利益有不一致性，所以监理工程师应照顾双方的经济关系。

3）与业主和承包商协商一致。监理工程师在处理和解决索赔事件时（如决定价格，提出解决方案等），必须充分与业主和承包商协商，考虑双方要求，做双方的工作，使之尽早达成一致。这是减少争执的有效途径。

4）实事求是。监理工程师在处理索赔事件时必须以合同和相应的法律为准绳，以事实为依据，完整、正确地理解合同，工程才能顺利实施。

5）迅速、及时地处理问题。监理工程师在行使自己权力，处理索赔事物，解决争议时必须迅速行事，在合同规定的期限内履行自己的职责，否则不仅会给承包商提供新的索赔机会，而且不能保证索赔及时、公正、合理地解决，使许多问题积累起来，造成混乱。

6.1.2.5　合同的纠纷处理

合同纠纷就是指双方当事人对合同履行的情况和对不履行或不适当履行合同的后果发生的争议，也称合同争执或合同争议。

1. 合同纠纷的内容

在建设项目实施过程中以及工程合同终止以前和以后，建设单位和施工单位对合同及工程施工中的很多问题，可能发生各种争议，包括监理工程师对某一问题的决定使双方意见不一致而导致的争议。一般的争议常常集中在建设单位与施工单位的经济利益上。常见的争议内容主要包括以下几个方面。

（1）索赔的争议。如施工单位提出经济或工期索赔，建设单位不予承认，或建设单位予以承认，但支付金额与施工单位的要求相差较大，双方不能达成一致意见。

（2）违约赔偿的争议。如建设单位或施工单位违约责任不明确，双方产生分歧。

（3）工程质量的争议。如工程施工中的缺陷、设备性能不合格等，施工质量责任区别不清，双方不能达成一致意见而发生争议。

（4）中止合同争议。施工单位因建设单位违约而中止合同，或因建设单位不予承认或不同意施工单位提出的索赔要求而发生争议。

（5）终止合同的争议。如对于终止合同的原因、责任以及终止合同后的结算和赔偿，双方持有不同的看法而引起的争议。

（6）计量与支付的争议。双方在计量原则、方法及程序上产生争议。

（7）其他争议。如进度控制、质量控制、试验等方面产生的争议。

2．合同纠纷的管理

按照合同要求，无论是施工单位还是建设单位，提出争议的一方应先书面形式向监理工程师提出争议的事实，并呈一副本给对方。监理工程师在收到争议通知后，应在合同规定期限完成对争议的全面调查与取证，同时对争议做出决定，并将决定书面通知建设单位和施工单位。监理工程师的决定如果双方都同意接受，这一决定即作为最终决定，争议处理完毕。只要合同未被放弃或终止，监理工程师应要求施工单位继续精心组织施工。若有一方不同意监理工程师的处理意见，可采用合同中约定的其他处理方式解决。解决合同纠纷通常有以下几种途径。

（1）协商。这是解决纠纷最常见的办法，也是首先采用的解决方法。即在合同发生争议时，合同当事人在自愿互谅基础上，通过双方谈判达成解决争议的协议。这种方法简便、易行，可以最大限度地减少由于纠纷而造成的损失，也有助于当事人间的合作团结，使合同涉及的权力得到实现。

（2）调解。调解是指当事人请求第三者或有关部门（如上报主管机关、合同管理机关等）参与下，以事实、合同条款和法律为根据，通过对当事人的说服，使合同双方自愿地、公平合理地达成解决的协议。合同双方和调解人共同签订的调解协议书具有法律效力。

（3）争议评审。合同当事人可在专用合同条款中约定采取争议评审方式解决争议。合同当事人自愿选择争议评审的程序、规则、费用承担等。

（4）仲裁。在当事人不愿协商、调解或者协商调解不成时，当事人可以选择仲裁的方式解决双方的合同纠纷。仲裁机构根据当事人的申请，对其相互之间的合同争议，按照仲裁法律进行仲裁，并作出裁决。

当事人申请仲裁时必须符合仲裁条件，即双方当事人应在合同中订有仲裁条款，或者在事后达成仲裁协议。仲裁裁决实行一裁终局原则，裁决做出后当事人就同一纠纷再申请仲裁或者向人民法院起诉的，仲裁委员会或者人民法院不予受理。

（5）诉讼。合同中没有仲裁条款或事后没有达成仲裁协议，或者其订立的仲裁条款或仲裁协议无效的，当事人可向人民法院起诉，请求人民法院行使审理权，审理双方之间在解决国际工程合同争议时，在一般的情况下，仲裁诉讼更具有优越性。国外仲裁机构通常有两种形式：

1）临时性仲裁机构。它的产生过程由合同规定。一般由合同双方各指定一名权威人士作仲裁员，再由这两位仲裁选定另一人作为首席仲裁员。三人成立一个仲裁小组，共同审理争议，以少数服从多数原则作出裁决。

2）国际性常设计仲裁机构。如伦敦仲裁院、瑞典斯德哥尔摩商会仲裁院、中国国际经济贸易仲裁委员会、罗马仲裁协会等。

监理工程师在处理合同纠纷的过程中，具有重要的地位和作用。首先，监理工程师在收到争议通知后，应及时开展调查和取证工作，并对争议做出决定。其次，在做出的处理决定不被一方所接受，需要进一步协商或调解时，监理工程师应在与合同的双方当事人协商或调解的过程中，以公正的第三方身份，以事实为依据，据理陈述、评述双方的有理与无理，做好协调、说服工作，促使双方能顺利地达成相关协议。第三，在仲裁或诉讼期间，监理工程师应对提交仲裁或诉讼的有关资料的真实性提供佐证。

6.1.3　建设工程监理合同管理

建设单位与监理单位签订的建设工程委托监理合同，与建设单位在工程建设实施阶段所签订的其他合同的最大区别表现在实施内容的不同。勘察合同、设计合同、施工合同的实施内容是通过实际工作或施工产生新的物质成果或信息成果，而委托监理合同的实施内容是技术服务，即监理工程师凭借自己的知识、经验、技能，受建设单位委托为其所签订的其他合同的履行实施监督和管理的职能。

6.1.3.1　双方的权利

1. 委托人的权利

1）委托人有选定工程总承包人以及与其订立合同的权利。

2）委托人有权要求监理人提交监理工作月报及监理业务范围内的专项报告。

3）委托人有对工程规模、设计标准、规划生产、生产工艺设计和设计使用功能要求的认定权，以及对工程设计变更的审批权。

4）监理人调换总监理工程师必须事先经委托人同意。

5）当委托人发现监理人员不按监理合同履行监理职责，或与承包人串通给委托人或工程造成损失的，委托人有权要求监理人更换监理人员，直到终止合同并要求监理人承担相应的赔偿责任或连带赔偿责任。

2. 监理人的权利

监理人在委托人委托的工程范围内，享有以下权利：

1）选择工程总承包人的建议权。

2）选择工程分包人的认可权。

3）审批工程施工组织设计和设计方案，按照保质量、保工期和降低成本的原则，向承包人提出建议，并向委托人提出书面报告。

4）按照安全和优化的原则，对工程设计中的技术问题向设计人员提出建议。如果拟提出的建议会提高工程造价，或延长工期，应当事先征得委托人的同意。当发现工程设计不符合国家颁布的建设工程质量标准或设计约定的质量标准时，监理人应当书面报告委托人并要求设计人员更正。

5）征得委托人同意，监理人发布开工令、停工令、复工令，但应当事先向委托人报告。如在紧急情况下未能事先报告，则应在24小时内向委托人做出书面报告。

6）主持工程建设有关协作单位的组织协调，重要协调事项应当事先向委托人报告。

7）对工程上使用的材料和施工质量进行检验。对于不符合设计要求和合同约定及国家质量标准的材料、构配件、设备，有权通知承包人停止使用；对不符合规范和质量标准的工序、分部工程、分项工程和不安全施工作业，有权通知承包人停工整改、返工。

8）在工程施工合同约定的工程造价范围内，工程款支付的审核和签认权，以及工程结算的确认权和否决权。未经总监工程师签字确认，委托人不支付工程款。

9）工程施工进度的检查、监督权，以及工程实际竣工日期提前或超过工程施工合同规定的竣工期限的签认权。

10）监理人在委托人授权下，可对任何承包人合同规定的义务提出变更。如果由此严重影响了工程费用、质量或进度，则这种变更须经委托人事先批准。在紧急情况下未能事先报委托人批准时，监理人所做的变更也应尽快通知委托人。在监理过程中发现工程承包人的人员工作不力，监理机构可要求承包人调换有关人员。

在委托的工程范围内，委托人或承包人对对方的任何意见和要求，均必须首先向监理机构提出，由监理机构研究处理意见，再同双方协商确定。当委托人和承包人发生争议时，监理机构应根据自己的职能，以独立的身份判断，公正地进行调解。当双方的争议由政府行政主管部门调解或仲裁机构仲裁时，应当提供作证的事实材料。

6.1.3.2 双方的义务

1. 委托人的义务

1）委托人在监理人开展监理业务之前应向监理人支付预付款。

2）委托人应当在专用条款约定的时间内就监理人书面提交并要求做出决定的一切事宜做出书面决定。

3）委托人应当将授予监理人的监理权利，以及监理人主要成员的职能分工、监理权限及时书面通知已选定的承包人，并在与第三人签订的合同中予以明确。

4）委托人应当负责工程建设的所有外部关系的协调，为监理工作提供外部条件。根据需要，如将部分或全部协调工作委托监理人承担，则应在专用条款中明确委托的工作和相应的报酬。

5）委托人应当授权一名熟悉工程情况、能在规定时间内做出决定的常驻代表负责与监理人联系。更换常驻代表要提前通知监理人。

6）委托人应当在双方约定的时间内免费向监理人提供与工程有关的、监理工作所需要的工程资料。

7）委托人应免费向监理人提供办公用房、通讯设施、监理人员工地住房及合同专用条件约定的设施，对监理人自备的设施给予合理的经济补偿。

8）委托人应在不影响监理人开展监理工作的时间内提供如下资料：与本工程合作的原材料、构配件、设备等生产厂家名录；提供与本工程有关的协作单位、配合单位的名录。

9）根据情况需要，如果双方约定，由委托人免费向监理人提供其他情况，应在监理合同专用条件中予以明确。

2. 监理人的义务

1）监理人按合同约定派出监理工作需要的监理机构及监理人员，向委托人报送委派的总监理工程师及其监理机构主要成员名单、监理规划，完成监理合同专用条件中约定的监理工作范围内的监理业务。在履行合同义务期间，应按合同约定定期向委托人报告监理工作。

2）监理人在履行合同的义务期间，应认真、勤奋地工作，为委托人提供与其水平相适应的咨询意见，公正地维护各方的合法权益。

3）监理人使用的委托人提供的设施和物品属于委托人的财产。在监理工作完成或中止时，应将其设施和剩余的物品按合同约定时间和方式移交给委托人。

4）在合同期内或合同终止后，未征得有关方同意，不得泄露与本工程、本合同业务有关的保密资料。

6.1.3.3 双方的责任

1. 委托人的责任

1）委托人应履行合同约定的义务，如有违反，则应承担违约责任，赔偿监理人造成的经济损失。

2）监理人处理委托业务时，因非监理人原因而受到损失的，可以向委托人要求补偿损失。

3）委托人向监理人提出赔偿的要求不能成立时，委托人应当补偿由该索赔所引起的监理人的各种费用支出。

2. 监理人的责任

1）监理人的责任期即委托监理合同有效期。在监理过程中，如果因工程建设进度的推迟或延误而超过书面约定的日期，双方应进一步约定相应延长的合同期。

2）监理人在责任期内，应当履行约定的义务。如果因监理人过失而造成了委托人的经济损失的，应当向委托人赔偿。累积赔偿总额不应超过监理报酬总额。

3）承包人违反合同规定的质量要求和完工时限时，监理人不承担责任。因不可抗力导致委托监理合同不能全部或部分履行，监理人不承担责任。但因监理人未尽其自身的义务而引起委托人的损失，应向委托人承担赔偿责任。

4）监理人向委托人提出赔偿要求不能成立时，监理人应当补偿由于该索赔所导致委托人的各种费用支出。

6.1.3.4 监理单位履行委托监理合同

监理合同一经生效，监理单位就要按合同规定，行使权利，履行应尽义务。

（1）确定项目总监理工程师，成立项目监理组织。对每一个承揽到的监理项目，监理单位都应根据工程项目规模、性质、业主对监理的要求，委派称职的人员担任项目的总监理工程师，代表监理单位全面负责该项目的监理工作，总监理工程师对内向监理单位负责，对外向业主负责。

在总监理工程师的具体领导下，组建项目的监理班子，并根据签订的监理委托合同，制订监理规划和具体的实施计划，开展监理工作。

一般情况下，监理单位在参与项目监理投标、拟订监理方案（大纲）以及与业主商签委托监理合同时，即应选派称职的人员主持该项工作。在监理任务确定并签订委托监理合同后，该主持人可作为项目总监理工程师，这样，项目总监理工程师在承接任务阶段就早期介入，从而更能了解业主的建设意图和对监理工作的要求，并能更好地与后续工作相衔接。

（2）进一步熟悉情况，收集有关资料，为开展建设监理工作做准备。

1）收集反映工程所在地区技术经济状况及建设条件的资料，如气象资料，工程地质及水文地质资料，交通运输的能力、时间及价格等资料；水、电、燃气、电信的容（用）量、价格等资料，勘测设计、土建施工、设备安装单位状况，建筑材料及构件、半成品的生产、供应情况等。

2）收集反映工程项目特征的有关资料，如工程项目的批文，规划部门关于规划范围和设计条件的通知，土地管理部门关于准予用地的批文，批准的工程项目可行性研究报告或设计任务书，工程项目地形图，工程项目勘测、设计图纸及有关说明等。

3）收集反映当地工程建设报建程序的有关规定，当地关于拆迁工作的有关规定，当地关于工程项目建设应交纳有关税、费的规定，当地关于工程项目建设管理机构资质管理的有关规定，当地关于工程项目建设实行建设监理的有关规定，当地关于工程项目建设招标投标的有关规定，当地关于工程造价管理的有关规定等。

4）收集类似工程项目建设的有关资料，如类似工程项目投资方面的有关资料，类似工程项目建设工期方面的有关资料，类似工程项目其他技术经济指标等。

（3）制订工程项目监理规划。工程项目的监理规划是开展项目监理活动的纲领性文件，它是根据业主委托监理的要求，在已有监理项目有关资料的基础上，结合监理的具体条件编制的开展监理工作的指导性文件。工程项目监理规划应由项目总监理工程师主持编写。

（4）制定各专业监理工作计划或实施细则。在监理规划的指导下，为具体指导投资控制、质量控制、进度控制工作的开展，还需要结合工程项目实际情况，制订相应的实施性计划或细则。

（5）根据制订的监理工作计划和运行制度，规范化地开展监理工作。

1）监理工作的规范化要求工作应有顺序性。监理的各项工作都是按一定逻辑顺序先后开展的，从而使监理工作能有效地达到目标而不致造成工作状态的无序和混乱。

2）监理工作的规范化要求建设监理工作职责要明确。监理工作是由不同专业、不同层次的专家群体共同完成的，他们之间有明确的职责分工，是协调监理工作的前提和实现监理目标的重要保证。

3）监理工作的规范化要求监理工作应有明确的工作目标。在职责分工的基础上，每一项监理工作应达到的具体目标都应是确定的，完成的时间也应有时限规定，从而能通过报表资料对监理工作及其效果进行检查和考核。

（6）监理工作总结。监理工作总结应包括三部分内容。

1）向业主提交监理工作总结。其内容包括委托监理合同履行情况概述，监理任务或监理目标完成情况评价，由业主提供的供监理活动使用的办公用房、车辆、试验设备等清单，表明监理工作终结的说明等。

2）向监理单位提交的监理总结。其内容包括监理工作的经验，采用监理技术、方法的经验，采用某种经济措施、组织措施的经验，签订委托监理合同方面的经验，处理好业主、承包单位关系的经验等。

3）监理工作中存在的问题及改进的建议，并向政府有关部门提出政策建议，不断提高工程建设监理水平。

此外，在全部监理工作完成后，监理单位应注意做好监理合同的归档工作。主要包括两方面内容：一是向业主移交档案；二是监理单位内部归档。监理合同归档资料应包括监理合同、监理大纲、监理规划、在监理工作中的程序性文件等。

6.1.4 建设工程施工合同管理

建设工程施工合同是工程建设合同的主要合同，是工程建设质量控制、进度控制、投资控制的主要依据。通过合同关系，可以确定建设市场主体之间的相互权利义务关系，这对规范建筑市场有重要作用。1999 年 3 月 15 日通过，1999 年 10 月 1 日开始实施的《中华人民共和国合同法》对建设工程合同做了专章规定。《中华人民共和国建筑法》、《中华人民共和国招标投标法》也有许多涉及建设工程施工合同的规定。这些法律是我国建设工程施工合同管理的依据。

施工合同的当事人是发包人和承包人，双方是平等的民事主体。承发包双方签订施工合同，必须具备相应的资质条件和履行施工合同的能力。对合同范围内的工程实施建设时，发包人必须具备组织协调能力；承包人必须具备有关部门核定的资质等级并持有营业执照等证明文件。

建设工程施工合同管理中，双方的权利、义务与 FIDIC 条款中的有关规定大致相似，这里不再叙述，下面介绍工程施工合同中的工程延期管理、工程变更管理、工程的违约管理等内容。

6.1.4.1 工程延期管理

在合同履行过程中，因下列情况导致工期延误和（或）费用增加的，由发包人承担由此延误的工期和（或）增加的费用，且发包人应支付承包人合理的利润：

（1）发包人未能按合同约定提供图纸或所提供图纸不符合合同约定的。

（2）发包人未能按合同约定提供施工现场、施工条件、基础资料、许可、批准等开工条件的。

（3）发包人提供的测量基准点、基准线和水准点及其书面资料存在错误或疏漏的。

（4）发包人未能在计划开工日期之日起 7 天内同意下达开工通知的。

（5）发包人未能按合同约定日期支付工程预付款、进度款或竣工结算款的。

（6）监理人未按合同约定发出指示、批准等文件的。

（7）专用合同条款中约定的其他情形。

6.1.4.2 工程变更管理

1. 工程设计变更

（1）发包人对原设计进行变更。施工中发包人需对原设计进行变更，要向乙方发出变更通知。①变更超过原设计标准或批准的建设规模时，发包人应报规划管理部门和其他有关部门重新审查批准；②由原设计单位审查提供变更的相应图纸和说明。

（2）承包人要求对原设计进行变更。施工中承包人对原设计进行变更，须经甲方代表同意，并由甲方取得上述①②两项批准。

工程师同意采用承包人合理化建议时，所发生的费用和获得的收益由发包人和承包人另行约定分担或分享。

（3）设计变更事项。能够构成设计变更的事项包括以下变更：

1）更改工程有关部分的标高、基线、位置和尺寸。

2）增减合同中约定的工程量。

3）改变有关工程的施工时间和顺序。

4）其他有关工程变更需要的附加工作。

5）更改有关工程的性质、质量、规格。由于发包人对原设计进行变更，导致合同价款的增减及造成的承包人损失，由发包人承担，延误的工期相应顺延。

2. 确定变更价款

（1）确定变更价款的方法。承包人在工程变更确定后 14 天内提出变更工程价款的报告，经发包人确认后调整合同价款。变更合同价款按以下方法进行：①合同中已有适用于变更工程的价格，按合同已有的价格变更合同价款；②合同中只有类似于变更工程的价格，可以参照类似价格变更合同价款；③合同中没有适用或类似于变更工程的价格，由承包人提出适当的变更价格，经工程师确认后执行。

（2）确定变更价款程序及注意问题。

1）承包人在双方确定变更后 14 天内不向监理人提交变更工程价款报告时，视为该项变更不涉及合同价款的变更。

2）监理人应在收到变更工程价款报告之日起 7 天内审查完毕并报送发包人，监理人对变更估价申请有异议，通知承包人修改后重新提交。确认时，自变更工程价款报告送达之日起 14 天后视变更工程价款报告已被确认。

3）发包人应在承包人提交变更估价申请后 14 天内审批完毕。发包人逾期未完成审批或未提出异议的，视为认可承包人提交的变更估价申请。

4）由变更引起的价格调整应计入最近一期的进度款中支付。

6.1.4.3　违约管理

1. 发包人的违约行为

1）因发包人原因未能在计划开工日期前 7 天内下达开工通知的。

2）因发包人原因未能按合同约定支付合同价款的。

3）自行实施被取消的工作或转由他人实施的。

4）发包人提供的材料、工程设备的规格、数量或质量不符合合同约定，或因发包人原因导致交货日期延误或交货地点变更等情况的。

5）因发包人违反合同约定造成暂停施工的。

6）发包人无正当理由没有在约定期限内发出复工指示，导致承包人无法复工的。

7）发包人明确表示或者以其行为表明不履行合同主要义务的。

8）发包人未能按照合同约定履行其他义务的。

2. 发包人承担违约责任的方式

（1）赔偿损失。赔偿损失是发包人承担违约责任的主要方式，其目的是补偿因违约给承包人造成的经济损失。承包人、发包人双方应当在合同专用条款内约定发包人赔偿承包人损失的计算方法。损失赔偿额应相当于因违约所造成的损失，包括合同履行后可以获得的利益，但不得超过发包人在订立合同时预见或者应当预见到的因违约可能造成的损失。

（2）支付违约金。支付违约金的目的是补偿承包人的损失，双方可在专用条款中约定违约金的数额或计算方法，并随当月工程款予以支付。

（3）顺延工期。对于因为发包人违约而延误的工期，应当相应顺延。

（4）继续履行。承包人要求继续履行合同的，发包人应当在承担上述违约责任后继续履行合同。

3. 承包人的违约行为

1）承包人违反合同约定进行转包或违法分包的。

2）承包人违反合同约定采购和使用不合格的材料和工程设备的。

3）因承包人原因导致工程质量不符合合同要求的。

4）未经批准私自将已按照合同约定进入施工现场的材料或设备撤离施工现场的。

5）承包人未能按施工进度计划及时完成合同约定的工作，造成工期延误的。

6）承包人在缺陷责任期及保修期内，未能在合理期限对工程缺陷进行修复，或拒绝按发包人要求进行修复的。

7）承包人明确表示或者以其行为表明不履行合同主要义务的。

8）承包人未能按照合同约定履行其他义务的。

4. 承包人承担违约责任的方式

（1）赔偿损失。承、发包人双方应当在合同专用条款内约定承包人赔偿发包人损失的计算方法。损失赔偿额应相当于违约所造成的损失，包括合同履行后发包人可以获得的利益，但不得超过承包人在订立合同时预见或者应当预见到的违约可能造成的损失。

（2）支付违约金。双方可以在专用条款内约定承包人应当支付违约金的数额或计算方法，并随当月工程款予以支付。

（3）采取补救措施。对于施工质量不符合要求的违约，发包人有权要求承包人采取返工、修理、更换等补救措施。

（4）继续履行。如果发包人要求继续履行合同的，承包人应当在承担上述违约责任后继续履行施工合同。

6.1.4.4　工程索赔管理

1. 索赔要求

向对方提出索赔时，要有正当索赔理由，且有索赔事件发生的有效证据。

2. 承包人的索赔

发包人未能按合同约定履行自己的各项义务或发生错误，以及应由发包人承担责任的其他情况，造成工期延误或承包人不能及时得到合同价款、承包人的其他经济损失，承包人可按下列程序以书面形式向发包人索赔。

索赔事件发生后 28 天内，向工程师发出索赔意向通知；发出索赔意向通知后 28 天内，向工程师提出延长工期和补偿经济损失的报告及有关资料；工程师在收到承包人送交的索赔报告和有关资料后，于 28 天内未予答复或未对承包人做进一步要求，视为该项索赔已经认可；当该索赔事件持续进行时，承包人应当向工程师发出阶段性索赔意向，在索赔事件终了后 28 天内，向工程师送交索赔的有关资料和最终索赔报告。

3．发包人的索赔

承包人未能按合同约定履行自己的各项义务或发生错误，给发包人造成经济损失，发包人可参考上述承包人索赔规定的时限向承包人提出索赔。

6.1.4.5　争议

合同当事人在履行施工合同时发生争议，可以采用的解决争议的方法有：和解、调解、争议评审、仲裁或诉讼。

6.1.4.6　工程分包管理

承包人按专用条款约定分包所承担的部分工程，并与分包单位签订分包合同。未经发包人同意，承包人不得将所承包工程的任何部分分包。

承包人不得将其承包的全部工程转包给他人，也不得将其承包的全部工程肢解以后以分包的名义分别转包给他人。下列行为均属于转包：

1）承包人将承包的工程全部包给其他施工单位，从中提取回扣。

2）承包人将工程的主要部分或群体工程中半数以上的单位工程分包给其他施工单位。

3）分包单位将承包的工程再次分包给其他施工单位。

工程分包不能解除承包人任何责任与义务。承包人应在分包场地派驻相应管理人员，保证本合同的履行。分包单位的任何违约行为或疏忽导致工程损害或给发包人造成其他损失，承包人承担连带责任。

分包工程价款由承包人与分包单位结算。发包人未经承包人同意，不得以任何形式向分包单位支付任何工程款项。

6.1.4.7　工程保险

工程保险是指业主或承包商向专门的保险机构（保险公司）缴纳一定的保险费，由专门的保险机构建立保险基金，一旦所投保的风险事故造成财产或人身伤亡，即由保险公司用保险基金予以补偿的一种制度。保险的实质是一种风险转移，即业主和承包商通过投保，将原应承担的风险责任转移给保险公司承担。大型工程一般规模较大、工期较长、涉及面广、潜伏的风险因素多。因此，着眼于可能发生的不利情况和意外不测，业主和承包商参加工程保险，付出少量的保险费，在遭受重大损失时可得到补偿的保障，从而增强抵御风险的能力。

工程保险可分为两大类，凡合同规定必须投保的险种，称为合同规定的保险或强制性保险，其他的保险均称为非合同规定的保险或选择性保险。建设工程施工合同对保险事项规定如下：

1）工程开工前，发包人为建设工程和施工场地内的自有人员及第三方人员生命财产办理保险，支付保险费用。

2）运至施工场地内用于工程的材料和待安装设备，由发包人办理保险，并支付保险费用。

3）发包人可以将有关保险事项委托承包人办理，费用由发包人支付。

4）承包人必须为从事危险作业的职工办理意外伤害保险，并为施工场地内自有人员生命财产和施工机械设备办理保险，支付保险费用。

5）保险事件发生时，发包人、承包人有责任尽力采取必要的措施，防止或者减少损失。

具体投保内容和相应责任，发包人、承包人在专用条款中约定。

6.2　建筑工程信息管理

6.2.1　信息管理概述

工程建设项目的信息管理，是指以工程建设项目作为目标系统的管理信息系统。它通过对工程建设项目建设监理过程的信息的采集、加工和处理为监理工程师的决策提供依据，对工程的投资、进度、质量进行控制，同时也为确定索赔的内容、金额和反索赔提供确凿的事实依据。因此，信息管理是监理工作的一项重要内容。

6.2.1.1　信息管理的任务

信息管理是指信息的收集、加工整理、传递、存储、应用等工作的总称。根据工程建设投资大、工期长、工艺复杂、质量要求高、各分部分项工程合同多、使用机械设备、材料数量大、要求高的特点，信息管理采取人工决策和计算机辅助管理相结合的手段，特别是利用先进的信息存储、处理设备可以及时准确地收集、处理、传递和存储大量的数据，并进行工程进度、质量、投资的动态分析，达到工程监理的高效、迅速、准确。

6.2.1.2　监理信息的类型

建设监理过程中涉及到大量的信息，依据不同的标准可以分为下列几类。

1. 按照建设监理的目的划分

（1）投资控制信息。投资控制信息是指与投资控制直接有关的信息，如各种估算指标、类似工程的造价、物价指数、概算定额、工程项目投资估算、设计概算、合同价、工程报价表、币种汇率、利率、保险、施工阶段的支付账单、原材料价格、机械设备台班费、人工费、运杂费等。

（2）质量控制信息。如国家的质量政策及质量标准、项目建设标准、质量目标的分解结果、质量控制工作流程、质量控制的工作制度、质量控制的风险分析、质量抽样检查的数据等。

（3）进度控制信息。如施工定额、项目总进度计划、关键路线和关键工作、进度目标分解、里程碑路标、进度控制的工作流程、进度控制的工作制度、进度控制的风险分析、某段时间的进度记录等。

2. 按照建设监理信息的来源划分

（1）项目内部信息。内部信息取自建设项目本身，如工程概况、设计文件、施工方案、合同文件、合同管理制度、信息资料的编码系统、信息目录表、会议制度、监理班子的组织、项目的投资目标、质量目标、进度目标、施工现场管理、交通管理等。

（2）项目外部信息。来自项目外部环境的信息称为外部信息。如国家的政策、法规及规章、国内及国际市场上原材料及设备价格、物价指数、类似工程造价、类似工程进度、投标单位的实力、投标单位的信誉、毗邻单位情况与主管部门、当地政府的有关信息等。

3．按照信息的稳定程度划分

（1）固定信息。固定信息是指在一定时间内相对稳定不变的信息，这类信息又可分为三种：

1）标准信息。主要是指各种定额和标准，如施工定额、原材料消耗定额、生产作业计划标准、设备和工具的耗损程度等。

2）计划信息。是指计划期内拟定的各项指标。

3）查询信息。是指在一个较长的时期内，很少发生变更的信息，如国家和专业部门颁发的技术标准、不变价格、监理工作制度、监理实施细则等。

（2）流动信息。流动信息是指在不断地变化着的信息。如项目实施阶段的质量、投资及进度的统计信息，它反映某一时刻项目建设的实际进度及计划完成情况。再如项目实施阶段的原材料消耗量、机械台班数、人工工日数等，都属于流动信息。

4．按照信息的层次划分

（1）战略性信息。指项目建设过程中供战略决策用的信息，如项目规模、项目投资总额、建设总工期、承包商的选定、合同价的确定等信息。

（2）策略性信息。供有关人员或机构进行短期决策用的信息，如项目年度计划、财务计划等。

（3）业务性信息。指的是各业务部门的日常信息，如日进度、月支付额等。这类信息是经常的，也是大量的。

6.2.1.3 监理信息的特点

建设工程监理信息除具有信息的一般特征外，还具有一些自身的特点。

（1）信息来源的广泛性。建设工程监理信息来自工程业主（建设单位）、设计单位、施工承包单位、材料供应单位及监理组织内部各个部门；来自可行性研究、设计、招标、施工及保修等各个阶段中的各个单位乃至各个专业；来自质量控制、投资控制、进度控制、合同管理等各个方面。由于监理信息来源的广泛性，往往给信息的收集工作造成很大困难。如果信息收集的不完整、不准确、不及时，必然会影响到监理工程师判断和决策的正确性、及时性。

（2）信息量大。由于工程建设规模大、牵涉面广、协作关系复杂，使得建设工程监理工作涉及大量的信息。监理工程师不仅要了解国家及地方有关的政策、法规、技术标准规范，而且要掌握工程建设各个方面的信息。既要掌握计划的信息，又要掌握实际进度的信息，还要对它们进行对比分析。因此，监理工程师每天都要处理成千上万的数据，而这样大的数据量单靠人手工操作处理是极困难的，只有使用电子计算机才能及时、准确地进行处理，才能为监理工程师的正确决策提供及时可靠的支持。

（3）动态性强。工程建设的过程是一个动态过程，监理工程师实施的控制也是动态控制，因而大量的监理信息都是动态的，这就需要及时地收集和处理信息。

（4）有一定的范围和层次。业主委托监理的范围不一样，监理信息也不一样。监理信息不等同于工程建设信息。工程建设过程中，会产生很多信息，这些信息并非都是监理信息，只有那些与监理工作有关的信息才是监理信息。不同的工程建设项目所需的信息既有共性，又有个性。另外，不同的监理组织和监理组织的不同部门，所需的信息也不同。

（5）信息的系统性。建设工程监理信息是在一定时空内形成的，与建设工程监理活动密切相关的信息。而且，建设工程监理信息的收集、加工、传递、反馈是一个连续的闭合环路，具有明显的系统性。

6.2.1.4　建设项目信息的作用

建设项目信息资源对工程建设的监理活动产生巨大影响，其主要作用有以下几个方面。

（1）信息是建设项目管理不可缺少的资源。工程建设项目的建设过程，实际上是人、财、物、技术、设备等资源投入的过程。为了高效、优质、低耗地完成工程建设任务，规划和控制上述资源必须对信息进行收集、加工、处理和应用。项目管理的主要功能就是通过信息的作用来规划、调节上述资源的数量、方向、速度和目标，使上述资源按照一定的规划运动，实现工程建设的投资、进度和质量目标。

（2）信息是监理人员实施控制的基础。控制是建设项目管理的主要手段。控制的主要任务是将计划目标与实际目标进行分析比较，找出产生差异和问题的原因，采取措施排除和预防偏差，保证项目建设目标的实现。

为有效地控制项目的三大目标，监理工程师应当掌握项目建设的投资目标、进度目标和质量目标的计划值和实际值。只有掌握了这两方面的信息，监理工程师才能实施控制工作。因此，从控制角度讲，如果没有信息，监理工程师就无法实施正确的监督。

（3）信息是进行项目决策的依据。建设项目管理决策正确与否，直接影响工程建设项目建设总目标的实现，而影响决策正确与否的主要因素之一就是信息。如果没有可靠、正确的信息作依据，监理工程师就不能做出正确的决策。如施工阶段对工程进度款的支付，监理工程师只有在掌握有关合同规定及实际施工状况等信息后，才能决定是否支付或支付多少等。因此，信息是项目正确决策的依据。

（4）信息是监理工程师协调工程建设项目各参与单位之间关系的纽带。工程建设项目涉及到众多的单位，如上级主管政府部门、建设单位、监理单位、设计单位、施工单位、材料设备供应单位、交通运输、保险、外围工程单位（水、电、通信等）和税务部门等，这些单位都会对工程建设项目目标的实现带来一定影响。要使这些单位协调一致，实现建设目标就必须通过信息将他们组织起来，处理好各方面的关系，协调好它们之间的活动。

总之，信息渗透到建设监理工作的各个方面，是建设监理活动不可缺少的要素。同其他资源一样，信息是十分重要和宝贵的资源，必须充分地开发和利用。

6.2.2　工程建设信息管理的内容

建设项目信息管理主要包括以下四项内容：明确建设项目监理工作信息流程；建立建设项目信息编码系统；建立健全项目信息收集制度；处理建设项目信息。

1. 明确建设项目监理工作信息流程

建设项目监理工作信息流程反映了工程建设项目建设过程中，各参与单位、部门之间的关系。为保证建设项目管理工作的顺利进行，监理人员应首先明确建设项目信息流程，使项目信息在建设项目管理机构内部上下级之间及项目管理组织与外部环境之间的流动畅通无阻。

建设项目信息流结构如图 6.1 所示，反映了工程建设项目设计单位、物资供应单位、施工单位、建设单位和工程建设监理组织之间的关系。

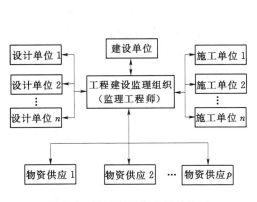

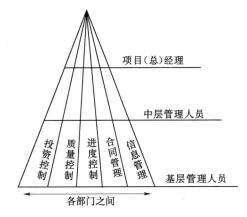

图 6.1　建设项目信息流结构图　　　　图 6.2　建设项目管理组织信息流示意图

（1）建设项目管理组织内部存在着三种信息流，如图 6.2 所示。这三种信息流要畅通无阻，以保证项目管理工作的顺利实施。

1）自上而下的信息流。这类信息流主要指从项目总经理开始，流向中层项目管理人员和基层项目管理人员的信息。信息接收者是下级。这些信息主要包括项目建设管理目标、管理任务、管理制度、规范规定、指令、办法和业务指导意见。

2）自下而上的信息流。这类信息流是指从基层项目管理人员开始，流向中层项目管理人员及项目经理的信息。信息接受者是上级。这些信息主要是建设项目实施情况和项目管理工作完成情况，包括进度控制、质量控制、投资控制和安全生产及管理工作人员的工作情况等，还包括基层管理人员对上级有关部门对工程管理和控制情况的意见和建议等。

3）横向的信息流。这类信息流主要是指在建设项目管理工作中，处在同一层次上的职能部门和管理人员之间相互提供和接收的信息。这些信息是各部门之间为了实现管理的共同目标，在同一层次上相互协作、互相配合、互通有无或补充而产生的信息。在一些特殊情况下，为节省信息流通时间，有时各部门之间也需要横向提供信息。

上述三种信息流都有明晰的流线，并都要畅通。但在实际工作中，往往是自下而上的信息流比较畅通，而自上而下的信息流流量不够。信息流不畅通，监理工程师将无法收集必要的信息，将会失去控制的基础、决策的依据和协调的媒介，监理工程师将无所作为。

（2）信息流是双向的，在监理工作中，应做好信息反馈，同时应注意以下问题：

1）信息反馈应贯穿于项目监理的全过程，仅依靠一次反馈不可能解决所有问题。

2）反馈速度应大于客体变化速度，且修正要及时。

3）力争做到超前反馈，即对客体的变化要有预见性。

2. 建立建设项目信息编码系统

建设项目信息编码也称代码设计，它是给事物提供一个概念清楚的标识，用以代表事物的名称、属性和状态。代码有两个作用：一是便于对数据进行存储、加工和检索；二是可以提高数据的处理效率和精度。此外，对信息进行编码，还可以大大节省存储空间。

在建设项目管理工作中，会涉及到大量的信息如文字、报表、图纸、声像等，在对数据进行处理时，需要建立数信息码系统。这在一定程度上减少了项目管理工作的工作量，而且大大提高了建设项目管理工作的效率。对于大中型建设项目，没有计算机辅助管理是难以想象的，而没有适当的信息系统，计算机的辅助管理的作用也难以发挥。

（1）信息编码原则。信息编码是管理工作的基础，进行信息编码时要遵循以下原则。

1）唯一确定性。每一个编码代表一个实体的属性和状态。

2）可扩充性和稳定性。代码设计应留出适当的扩充位置，当增加新的内容时，便于直接利用源代码进行扩充，无需更改代码系统。

3）标准化和通用性。国家有关编码标准是代码设计的重要依据，要严格执行国家标准以及行业编码标准，以便于系统扩展。

4）逻辑性和直观性。代码不仅具有一定的逻辑含义，以便于数据的统计汇总，而且要简明直观，便于识别和记忆。

5）精炼性。代码的长度不仅影响其占据的空间和处理速度，而且也会影响代码输入时出错的概率及输入输出速度，因而要适当压缩代码的长度。

（2）信息编码方法。

1）顺序编码法。顺序编码法是一种按对象出现的顺序进行排列编码的方法，例如土方工程 01、基础工程 02、外墙工程 03、内墙与柱 04、楼板与楼梯 05、屋面工程 06 等。

顺序编码法简单易懂，用途广泛。但这种代码缺乏逻辑性，不宜分类。而且当增加新数据时，只能在最后进行排列，删除数据时又会出现空码。所以，此方法一般不单独使用，只用来作为其他分类编码后进行细分类的一种手段。

2）分组编码法。分组编码法是在顺序编码法的基础上发展起来的，它是先将数据信息进行分组，然后对每组的信息进行顺序编码。每个组内留有后备编码，便于增加新的数据。

3）十进制编码法。这种编码方法是先将数据对象分成十大类，编以 0～9 的号码，每类中再分成十小类，给以第二个 0～9 的号码，依次类推。这种方法可以无限的扩充下去，直观性能较好。国家目前要求执行的"设备材料标准编码"基本上是采用这种方法，不过是百进制的，而不是十进制，即整个编码八位，分成四段，前两位代表大类，次两位代表中类，再次两位代表小类，最后两位代表品种。当然，每一品种还有不同的规格，还可以通过附加顺序号码的方法加以区别。

4）文字数字码。这种方法是用文字表明数字属性，而文字一般用英文缩写或汉语拼音的声母。这种编码直观性好，记忆使用方便，但数据较多时，单靠字母很容易使含义模糊，造成错误的理解。

5）多面码。一个事物可能有多个属性，如果在编码中能为这些属性各规定一个位置，就形成了多面码。

上述几种编码方法，各有其优缺点，在实际工作中，要针对具体情况灵活应用，也可以结合具体情况结合使用。

（3）建设监理信息的编码。以民用建筑项目投资为例说明编码方法。

首先对总投资进行分块，可将该民用建筑项目投资分成 8 块，即（1）建筑基地费、（2）建筑基地外围（红线外）开拓费、（3）建筑物造价、（4）设备费、（5）建筑物外围（红线内）设施费、（6）附加设施费、（7）建设单位管理费、（8）建设单位专项预留费。然后对子系统的每一块进行切块，以建筑物造价为例，将其分成 5 块，即（31）建筑工程造价、（32）设备安装工程造价、（33）预留费、（34）建筑设施费、（35）特殊施工费。这五块则称为建筑物造价子系统的组成项如图 6.3 所示。

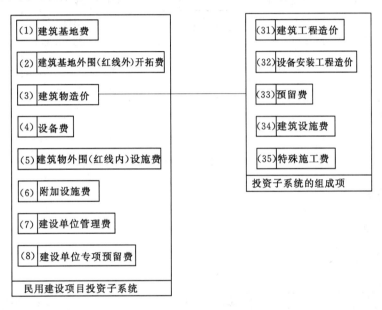

图 6.3　民用建筑项目投资分解（一）

对子系统组成项的每一块还可以继续往下分。如建筑工程造价可分成如下 8 条，即（311）土方工程、（312）基础工程、（313）±0.00 以下外墙工程、（314）外墙工程、（315）内墙与柱、（316）楼板与楼梯工程、（317）屋面工程、（318）大型临时设施。又如设备安装工程造价分成如下 9 条，即（321）排水工程、（322）上水工程、（323）供暖工程、（324）煤气工程、（325）供电工程、（326）通信工程、（327）通风工程、（328）运输工程、（329）其他工程。上述"8 条"、"9 条"可称投资的大类项，如图 6.4 所示。

对大类项继续往下分。以内墙与柱为例，可将其分成 8 个功能项，即（3151）承重墙、（3152）框架、（3153）轻质隔墙、（3154）墙体抹灰粉刷（墙纸）、（3155）内部墙、（3156）内部门、（3157）内墙防护设施、（3158）其他内墙构造。功能项还可再往下分解，如框架可以分解成（315210）柱、（315220）柱子装饰、（315230）柱子悬挂构造等构造分项，如图 6.5 所示。

本投资结构的编码体系，原则上是一个层次一位数字。但这也不是绝对的，也就是说层次数与编码数不一定是一对一的关系，当某一层次所包含的数项超过 10 时，该层所对

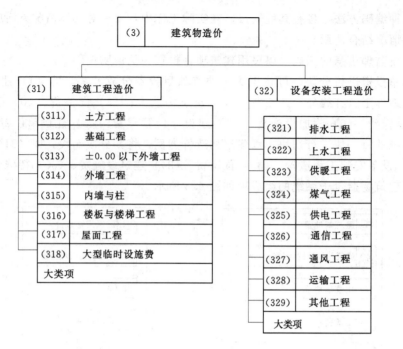

图 6.4　民用建筑项目投资分解（二）

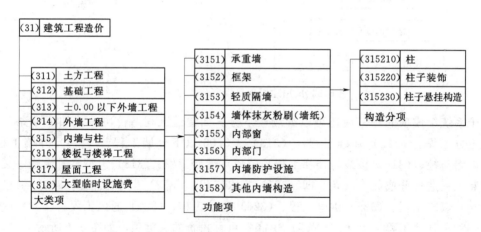

图 6.5　民用建筑项目投资分解（三）

应的编码位数就要超过一位数。

3. 建立健全项目信息的收集制度

工程项目建设的每一个阶段都要产生大量的信息。但是，要得到有价值的信息，只靠自发产生的信息是远远不够的，还必须根据需要进行有目的、有组织、有计划地收集，才能提高信息质量，充分发挥信息的作用。

收集信息是运用信息的前提。各种信息一经产生，就必然会受到传输条件、人们的思想意识及各种利益关系的影响。所以，信息有真假、虚实、有用无用之分。监理工程师要取得有用的信息，必须通过各种渠道，采取各种方法收集信息，然后经过加工、筛选，从中选择出对决策有用的信息，没有足够的信息作依据，决策就会产生失误。

收集信息是进行信息处理的基础。信息处理是包括对已经取得的原始信息进行分类、筛选、分析、加工、评定、编码、存储、检索、传递的全过程。信息收集工作的好坏，直接决定了信息加工处理质量的高低。在一般情况下，如果收集到的信息时效性强、真实度高、价值大、全面系统，再经加工处理质量就更高，反之则低。

因此，建立一套完善的信息采集制度收集建设工程监理的各阶段、各类信息是监理工作所必需的。

（1）工程建设前期信息的收集。如果监理工程师未参加工程建设的前期工作，受业主的委托对工程建设设计阶段实施监理时，应向业主和有关单位收集以下资料，作为设计阶段监理的主要依据。

1）批准的项目建议书、可行性研究报告及设计任务书。

2）批准的建设选址报告、城市规划部门的批文、土地使用要求、环保要求。

3）工程地质和水文地质勘察报告、区域图、地形测量图，地质气象和地震烈度等自然条件资料。

4）矿藏资源报告。

5）设备条件。

6）规定的设计标准。

7）国家或地方的监理法规或规定。

8）国家或地方有关的技术经济指标和定额等。

（2）工程建设设计阶段信息的收集。在工程建设的设计阶段将产生一系列的设计文件，它们是监理工程师协助业主选择承包商，以及在施工阶段实施监理的重要依据。

建设项目的初步设计文件包含大量的信息，如建设项目的规模、总体规划布置，主要建筑物的位置、结构形式和设计尺寸，各种建筑物的材料用量，主要设备清单，主要技术经济指标，建设工期，总概算等。还有业主与市政、公用、供电、电信、铁路、交通、消防等部门的协议文件或配合方案。

技术设计是根据初步设计和更详细的调查研究资料进行的，用以进一步解决初步设计中的重大技术问题，如工艺流程、建筑结构、设备选型及数量确定等。技术设计文件与初步设计文件相比，提供了更确切的数据资料，如对建筑物的结构形式和尺寸等进行修正并编制了修正后的总概算。

施工图设计文件则完整地表现建筑物外形、内部空间分割、结构体系、构造状况，以及建筑群的组成和周围环境的配合，具有详细的构造尺寸。它通过图纸反映出大量的信息，如施工总平面图、建筑物的施工平面图和剖面图、设备安装详图、各种专门工程的施工图，以及各种设备和材料的明细表等。

（3）施工招标阶段信息的收集。在工程建设招标阶段，业主或其委托的监理单位要编制招标文件，而投标单位要编制投标文件，在招投标过程中及在决标以后，招标文件、投标文件及其他一些文件将形成一套对工程建设起制约作用的合同文件，这些合同文件是具有约束力的法律文件，是监理工程师必须要熟悉和掌握的。

这些文件主要包括：投标邀请书、投标须知、合同双方签署的合同协议书、履约保函、合同条款、投标书及其附件、标价的工程量清单及其附件、技术规范、招标图纸、发包单位在招标期内发出的所有补充通知、投标单位在投标期内补充的所有书面文件、投标单位在投标时随投标书一起递送的资料与附图、发包单位发出的中标通知书、合同双方在洽商合同时共同签字的补充文件等，除上述各种文件资料外，上级有关部门关于建设项目的批文和有关批示、有关征用土地、迁建赔偿等协议文件，都是十分重要的监理信息。

（4）工程建设施工阶段信息的收集。在工程建设的整个施工阶段，每天都会产生大量的信息，需要及时收集和处理。因此，工程建设的施工阶段，可以说是大量信息产生、传递和处理的阶段，监理工程师的信息管理工作，也就主要集中在这一阶段。

1）收集业主方的信息。业主作为工程建设的组织者，在施工过程中要按照合同文件规定提供相应的条件，并要不时发表对工程建设各方面的意见和看法，下达某些指令。因此，监理工程师应及时收集业主提供的信息。

当业主负责某些设备、材料的供应时，监理工程师需收集业主所提供材料的品种、数量、规格、价格、提货地点、提货方式等信息。例如，有一些项目合同约定业主负责供应钢材、木材、水泥、砂石等主要材料，业主就应及时将这些材料在各个阶段提供的数量、材质证明、检验（试验）资料、运输距离等情况告知有关方面，监理工程师也应及时收集这些信息资料。另外，监理工程师也应及时收集业主对施工过程中有关进度、质量、投资、合同等方面的看法和意见，同时还应及时收集业主的上级主管部门对工程建设的各种意见和看法。

2）收集承包商提供的信息。在项目的施工过程中，随着工程的进展，承包商一方也会产生大量的信息，除承包商本身必须收集和掌握这些信息外，监理工程师在现场管理中也必须收集和掌握这些信息。这类信息主要包括开工报告、施工组织设计、各种计划、施工技术方案、材料报验单、月支付申请表、分包申请、工料价格调整申报表、索赔申报表、竣工报验单、复工申请、各种工程项目自检报告、质量问题报告、有关问题的意见等。承包商应向监理单位报送这些信息资料，监理工程师也应全面系统地收集和掌握这些信息资料。

3）建设工程监理的现场记录。现场监理人员必须每天利用特定的方式或以日志的形式记录工地上所发生的事情。所有记录应始终保存在工地办公室内，供监理工程师及其他监理人员查阅。这类记录每月由专业监理工程师整理成书面资料上报监理工程师办公室。监理人员在现场遇到的施工中不得不采取紧急措施而对承包商所发出的书面指令，应尽快通报上一级监理组织，以征得其确认或修改指令。

4）工地会议记录。工地会议是监理工作的一种重要方法，会议中包含着大量的信息。监理工程师必须重视工地会议，并建立一套完善的会议制度，以便于会议信息的收集。会议制度包括会议的名称、主持人、参加人、举行会议的时间及地点等，每次会议都应有专人记录，会后应有正式会议纪要，由与会者签字确认，这些纪要将成为今后解决问题的重要依据。会议纪要应包括以下内容：会议地点及时间，出席者姓名、职务及他们所代表的单位，会议中发言者的姓名及主要内容，形成的决议，决议由何人及何时执行，未解决的问题及其原因等。

工地会议一般每月召开一次，会议由监理人员、业主代表及承包商参加。会议主要内容包括：确认上次工地会议纪要、当月进度总结、进度预测、技术事宜、变更事宜、财务事宜、管理事宜、索赔和延期、下次工地会议及其他事宜。工地会议确定的事宜视为合同文件的一部分。

5）计量与支付记录。计量与支付记录包括所有计量及付款资料。应清楚地记录哪些工程进行过计量，哪些工程没有进行计量，哪些工程已经进行了支付，已同意或确定的费率和价格变更等。

6）试验记录。除正常的试验报告外，试验室应由专人每天以日志形式记录试验室工作情况，包括对承包商的试验的监督、数据分析等。

7）工程照片和录像。工程照片和录像能直观、真实地反映包括试验、质量、隐蔽工程、引起索赔的事件、工程事故现场等信息。

（5）工程建设竣工阶段信息的收集。在工程建设竣工验收阶段，需要大量与竣工验收有关的各种信息资料，这些信息资料一部分是在整个施工过程中长期积累形成的；一部分是在竣工验收期间根据积累的资料整理分析得到的，完整的竣工资料应由承包商收集整理，经监理工程师及有关方面审查后，移交业主。

4. 处理建设项目信息

（1）建设项目信息处理的要求。建设项目信息处理必须符合及时、准确、适用、经济的要求。及时，就是信息传递的速度要快；准确，就是信息要真实地反映工程实际情况；适用，就是信息要符合实际需要，具有应用价值；经济，就是在信息处理时选择符合经济效果要求的处理方式。

（2）建设项目信息处理的内容。建设项目信息处理一般包括：信息的收集、加工整理、传输、存储、检索和输出六项内容。

1）信息的收集。信息的收集就是收集原始信息，这是信息处理的基础。信息处理质量的好坏直接取决于原始信息资料的准确性、全面性和可靠性。

2）信息的加工整理。所谓信息的加工整理是对收集来的大量原始信息进行筛选、分类、排序、压缩、分析、比较、计算等操作。监理工程师为了有效地控制工程建设的投资、进度和质量，提高工程建设的投资效益，应在全面、系统收集监理信息的基础上，加工整理收集来的信息资料。

信息的加工整理作用很大。首先，通过加工，将信息分类，使之标准化、系统化。收集到的原始信息只有经过加工，使之成为标准的、系统的信息资料，才能使用、存储，以及供检索和传递之用。其次，经过收集的资料的真实程度、准确程度都比较低，甚至还混有一些错误，通过对它们进行分析、比较、鉴别，乃至计算、校正，使获得的信息准确、真实。另外，原始状态的信息，一般不便于使用和存储、检索、传递，经加工后，可以使信息浓缩，以便于进行以上操作。再次，在加工信息过程中，通过对信息综合、分解、整理、增补，可以得到更多有价值的新信息。

总之，本着标准化、系统化、准确性、时间性和适用性等原则，通过对信息资料加工整理，一方面可以掌握工程建设实施过程中各方面的进展情况；另一方面可直接或借助于数学模型来预测工程建设未来的进展状况，从而为监理工程师做出正确的决策提供可靠的依据。

在建设项目的施工过程中，监理工程师加工整理的监理信息主要包括以下几个方面。

a. 现场监理日报表，由现场监理人员根据每天的现场记录加工整理而成。

b. 现场监理工程师周报，是现场监理工程师根据监理日报加工整理而成的报告，每周向项目总监理工程师汇报一周内发生的所有重大事件。

c. 监理工程师月报，是集中反映工程实况和监理工作的重要文件。一般由项目总监理工程师组织编写，每月一次上报业主。大型项目的监理月报，往往由各合同段或子项目的总监理工程师代表组织编写，上报总监理工程师审阅后报业主。

3）信息的传输。信息的传输是指信息借助于一定的载体（如纸张、胶片、软盘、电子邮件等）在监理工作的各部门、各参加单位之间进行传播，通过传输形成各种信息流，成为监理工程师工作和处理工程问题的重要依据。

4）信息的存储。经收集和整理后的大量信息资料，应当存档以备将来使用。为了便于管理和使用监理信息，必须在监理组织内部建立完善的信息资料存储制度。

信息的储存，可汇集信息，建立信息库，有利于进行检索，可以实现监理信息资源的共享，促进监理信息的重复利用，便于信息的更新和剔除。

监理信息储存的主要载体是文件、报告报表、图纸、音像材料等。监理信息的储存主要就是将这些材料按不同的类别进行详细的登录、存放，建立资料归档系统。该系统应简单和易于保存，但内容应足够详细，以便很快查出任何已归档的资料。因此资料的文档管理工作（具体而微小、且繁琐）就显得非常重要。监理资料归档，一般按以下几类进行。

a. 一般函件：与业主、承包商和其他有关部门来往的函件按日期归档，监理工程师主持或出席的所有会议记录按日期归档。

b. 监理报告：各种监理报告按次序归档。

c. 计量与支付资料：每月计量与支付证书，连同其所附资料每月按编号归档；监理人员每月提供的计量资料和与支付有关的资料应按月份归档；物价指数的来源等资料按编号归档。

d. 合同管理资料：承包商对延期、索赔和分包的申请，批准的延期、索赔和分包文件按编号归档；变更的有关资料编号归档；现场监理人员为应急发出的书面指令及最终指令应按项目归档。

e. 图纸：按分类编号存放归档。

f. 技术资料：现场监理人员每月汇总上报的现场记录及检验报表按月归档，承包商提供的竣工资料分项归档。

g. 试验资料：监理人员所完成的试验资料分类归档，承包商所报试验资料分类归档。

h. 工程照片：各类工程照片，诸如反映工程实际进度的，反映现场监理工作的，反映工程质量事故及处理情况的，以及其他照片，如工地会议和重要监理活动的都要按类别和日期归档。

在对以上资料进行归档的同时，要进行登录，建立详细的目录表，以便随时调用、查询。

目前，信息存储的介质主要有各类纸张、胶卷、录音（像）带和计算机存储器等。用纸张存储信息的主要优点是便宜，永久保存性好，不易涂改，其缺点是占用大量的空间，不便于检索，传递速度慢。因此应掌握各种存储介质的特点，扬长避短，将纸、计算机及其他存储介质结合起来使用。随着技术的不断发展，计算机的存储量越来越大，且成本越来越低。因此，监理信息的存储应尽量采用电子计算机及其他微缩系统，以提高检索、传递和使用的效率。

5）信息的检索。监理工作中虽然存储了大量的信息，为了查找方便，需要拟定一套科学的、迅速的查找方法和手段，称之为信息检索。完善的信息检索系统可以使报表、文件、资料、人事和技术档案既保存完好，又查找方便。

6）信息的输出。处理好的信息，要按照需求编印成各类报表和文件，或通过计算机网络进行传输，以供监理工程师使用。

（3）监理信息处理的方式。监理信息处理方式一般有三种形式，即手工处理方式、机械处理方式和计算机处理方式。

1）手工处理方式。指在信息处理过程中，主要依靠人填写、收集原始资料；计算主要靠人工来完成；人工编制报表和文件；人工保存和存储资料；信息的输出也主要靠人用电话、信函传输通知、报表和文件。

2）机械处理方式。指用按键式计算器、穿孔卡数据处理器等进行数据加工。

3）计算机处理方式。计算机处理方式是指利用计算机进行数据处理的方式。

在建设监理工作中，不仅需要大量的信息，而且对信息的质量（如信息的正确性、及时性等）提出了更高的要求。要做好监理工作中的信息处理工作，单纯靠手工处理方式和机械处理方式是不能胜任的，必须借助于计算机来完成。运用计算机存储量大的特点，集中存储工程建设项目的有关信息；利用计算机计算速度快的特点，高速准确地处理工程监理所需要的信息，快捷、方便地形成各种报表；运用计算机局域网络和 Internet 来传递各类信息。

（4）建设项目信息的使用。建设项目信息管理的目的，就是为了更好地使用信息，为建设项目监理服务。经过加工处理的信息，要按照建设监理工作的要求，以各种形式如报表、文字、图形、图像、声音等提供给各类项目管理人员。信息的使用效率和使用质量随着计算机的普及而提高。通过计算机网络技术可以实现信息在各个部门、各个区域、各项工程管理组织中的共享。因此，运用计算机进行信息管理，已成为高效使用建设项目信息的前提条件，同时也成为建设监理组织监理工作水平高低的重要标志。

6.2.3 建设工程监理信息系统

计算机技术的飞速发展，使得监理工作信息的大量存储、快速处理和传递成为可能。监理信息系统就是管理信息系统（MIS）原理和方法在建设监理工作中的具体应用。

建设监理的信息管理系统一般由投资控制子模块、进度控制子模块、质量控制子模块、合同管理子模块、行政事务子模块等五个子模块和一个数据库管理系统组成。各子模块之间既相互独立，各有其自身目标控制的内容和方法，又相互联系，互为其他子模块提供信息。

1. 投资控制子模块

建设项目投资控制的首要问题是对项目的总投资进行分解，也就是说，将项目的总投资按照项目的构成进行分解。例如水电工程，可以分解成若干个单项工程和若干个单位工程，每一个单项工程和单位工程均有投资数额要求，它们的投资数额加在一起构成项目的总投资。在整个控制过程中，要详细掌握每一项投资发生在哪一部位，一旦投资的实际值和计划值发生偏差，就应找出其原因，以便采取措施进行纠偏，使其满足总投资控制的要求。

投资控制子模块的主要内容包括：

1）资金使用计划。

2）概算和预算的调整。

3）资金分配、概算的对比分析。

4）项目概算与项目预算的对比分析。

5）合同价格与投资分配、概算、预算的对比分析。

6）实际费用支出的统计分析。

7）实际投资与计划投资的动态比较。

8）项目投资变化趋势预测。

9）项目计划投资的调整。

10）项目结算与预算、合同价的对比分析。

11）项目投资信息查询。

12）提供各种项目投资的管理报表。

2. 进度控制子模块

进行进度控制的方法主要是定期地收集工程项目实际进度的数据，并与工程项目进度计划进行分析比较。如发现进度实际值与进度计划值有偏差，要及时采取措施，调整工程进度计划，才能确保工期目标实现。

（1）进度控制数据的存储、修改、查询。

（2）进度计划的编制与调整，包括横道图计划、网络计划、日历进度计划等不同形式。

（3）工程实际进度的统计分析。

（4）实际进度与计划进度的动态比较。

（5）工程进度变化趋势预测。

（6）计划进度的定期调整。

（7）工程进度的查询。

（8）进度计划，各种进度控制图表的打印输出。

（9）各种资源的统计分析。

3. 质量控制子模块

（1）设计质量控制。包括储存设计文件，核查记录，技术规范、技术方案，进行计算机统计分析，提供有关信息，储存设计质量鉴定结果，储存设计文件鉴证记录等内容，提供图纸资料交付情况报告，统计图纸资料按时交付率、合格率等指标，择要登录设计变更文件。

（2）施工质量控制。包括质量检验评定记录，单项工程、分部工程、单位工程的检查评定结果及有关质量保证资料，数据的校验和统计分析，分部工程、单位工程质量评定，对重点工序和重要质量指标数据进行统计分析，绘制直方图、控制图等管理图表；根据质量控制的不同要求，提供各种报表。

（3）材料质量跟踪。对主要的建筑材料、成品、半成品及构件进行跟踪管理，处理包括材料入库或到货验收记录、材料分配记录、施工现场材料验收记录等信息。

（4）设备质量管理。是指对大型设备及其安装调试的质量管理。大型设备的供应有两种方式：订购和委托外系统加工。订购设备的质量管理包括开箱检验、安装调试、试运行三个环节；委托外系统加工的设备的质量管理包括设计控制、设备监造等环节，计算机储存各环节的信息，并提出有关报表。

（5）工程事故处理。包括储存重大工程事故的报告，登录一般事故报告摘要，提供多种工程事故统计分析报告。

（6）质监活动档案。包括记录质监人员的一些基本情况，如职务、职责等；根据单元工程质量检验评定记录等资料进行的统计汇总，提供质监人员活动月报等报表。

4. 合同管理子模块

在施工监理信息管理中，以合同文件为中心，合同管理子模块应具备如下功能。

1）合同文件、资料、会议记录的登录、修改、删除、查询和统计。

2）合同条款的查询与分析。

3）技术规范的查询。

4）合同执行情况的跟踪及其管理。

5）合同管理信息函、报表、文件的打印输出。

6）法规文件的查询。

5. 行政事务管理子模块

行政事务管理是监理工程中不可缺少的一项工作。在监理工作中，应将各类文件分别归类建档，对来自政府主管部门、项目法人、施工单位、监理单位等各个部门的文件进行编辑登录整理，并及时进行处理，以便各项工作顺利进行。

1）公文编辑处理。

2）排版打印处理。

3）公文登录。

4）公文处理。

5）公文查询。

6）公文统计。

7）组卷登录。

8）修改案卷。

9）删除案卷。

10）查询统计。

本 章 小 结

本章介绍了工程建设合同的基本概念、特点、作用，监理信息的类型、特点、作用；讲述了工程建设合同管理的定义、内容，工程建设信息管理的定义、任务、内容及系统；阐述了建设工程监理合同管理、建设工程施工合同管理的内容。

复 习 思 考 题

(1) 简述建设工程合同的概念。

(2) 建设工程合同中主要包括哪些合同关系？

(3) 建设工程合同管理有哪些主要内容？

(4) 什么情况下，工期可以顺延而承包人不承担责任？

(5) 简述确定工程变更价款的程序及注意事项。

(6) 简述发包人、承包人违约情况及需承担的责任。

(7) 简述索赔的程序。

(8) 简述合同执行中争议的解决方法。

(9) 简述合同的分包管理。

(10) 建设工程施工合同中对工程保险有何规定？

(11) 简述监理合同中发包人和承包人的权利、义务和责任。

(12) 建设项目信息有哪些类型？

(13) 建设工程监理信息有什么特点？

(14) 建设项目信息有什么作用？

(15) 建设项目信息管理主要包括哪些内容？

(16) 建设监理信息一般是如何编码的？

(17) 建设工程监理应收集哪些信息？

(18) 建设项目信息处理一般包括哪些内容？

(19) 建设监理的信息管理系统一般包括哪些模块，其各自功能是什么？

附录1 建设工程监理范围和规模标准规定

（2001 年 1 月 17 日中华人民共和国建设部令第 86 号发布）

第一条 为了确定必须实行监理的建设工程项目具体范围和规模标准，规范建设工程监理活动，根据《建设工程质量管理条例》，制定本规定。

第二条 下列建设工程必须实行监理：

（一）国家重点建设工程；

（二）大中型公用事业工程；

（三）成片开发建设的住宅小区工程；

（四）利用外国政府或者国际组织贷款、援助资金的工程；

（五）国家规定必须实行监理的其他工程。

第三条 国家重点建设工程，是指依据《国家重点建设项目管理办法》所确定的对国民经济和社会发展有重大影响的骨干项目。

第四条 大中型公用事业工程，是指项目总投资额在 3000 万元以上的下列工程项目：

（一）供水、供电、供气、供热等市政工程项目；

（二）科技、教育、文化等项目；

（三）体育、旅游、商业等项目；

（四）卫生、社会福利等项目；

（五）其他公用事业项目。

第五条 成片开发建设的住宅小区工程，建筑面积在 5 万 m² 以上的住宅建设工程必须实行监理；5 万 m² 以下的住宅建设工程，可以实行监理，具体范围和规模标准，由省、自治区、直辖市人民政府建设行政主管部门规定。

为了保证住宅质量，对高层住宅及地基、结构复杂的多层住宅应当实行监理。

第六条 利用外国政府或者国际组织贷款、援助资金的工程范围包括：

（一）使用世界银行、亚洲开发银行等国际组织贷款资金的项目；

（二）使用国外政府及其机构贷款资金的项目；

（三）使用国际组织或者国外政府援助资金的项目。

第七条 国家规定必须实行监理的其他工程是指：

（一）项目总投资额在 3000 万元以上关系社会公共利益、公众安全的下列基础设施项目：

（1）煤炭、石油、化工、天然气、电力、新能源等项目；

（2）铁路、公路、管道、水运、民航以及其他交通运输业等项目；

（3）邮政、电信枢纽、通信、信息网络等项目；

（4）防洪、灌溉、排涝、发电、引（供）水、滩涂治理、水资源保护、水土保持等水利建设项目；

（5）道路、桥梁、地铁和轻轨交通、污水排放及处理、垃圾处理、地下管道、公共停车场等城市基础设施项目；

（6）生态环境保护项目；

（7）其他基础设施项目。

（二）学校、影剧院、体育场馆项目。

第八条　国务院建设行政主管部门商同国务院有关部门后，可以对本规定确定的必须实行监理的建设工程具体范围和规模标准进行调整。

第九条　本规定由国务院建设行政主管部门负责解释。

第十条　本规定自发布之日起施行。

附录2 注册监理工程师管理规定

（2005 年 12 月 31 日经建设部第 83 次常务会议讨论通过，
2006 年 1 月 26 日中华人民共和国建设部令第 147 号
发布，自 2006 年 4 月 1 日起施行）

第一章 总 则

第一条 为了加强对注册监理工程师的管理，维护公共利益和建筑市场秩序，提高工程监理质量与水平，根据《中华人民共和国建筑法》、《建设工程质量管理条例》等法律法规，制定本规定。

第二条 中华人民共和国境内注册监理工程师的注册、执业、继续教育和监督管理，适用本规定。

第三条 本规定所称注册监理工程师，是指经考试取得中华人民共和国监理工程师资格证书（以下简称资格证书），并按照本规定注册，取得中华人民共和国注册监理工程师注册执业证书（以下简称注册证书）和执业印章，从事工程监理及相关业务活动的专业技术人员。

未取得注册证书和执业印章的人员，不得以注册监理工程师的名义从事工程监理及相关业务活动。

第四条 国务院建设主管部门对全国注册监理工程师的注册、执业活动实施统一监督管理。

县级以上地方人民政府建设主管部门对本行政区域内的注册监理工程师的注册、执业活动实施监督管理。

第二章 注 册

第五条 注册监理工程师实行注册执业管理制度。

取得资格证书的人员，经过注册方能以注册监理工程师的名义执业。

第六条 注册监理工程师依据其所学专业、工作经历、工程业绩，按照《工程监理企业资质管理规定》划分的工程类别，按专业注册。每人最多可以申请两个专业注册。

第七条 取得资格证书的人员申请注册，由省、自治区、直辖市人民政府建设主管部门初审，国务院建设主管部门审批。

取得资格证书并受聘于一个建设工程勘察、设计、施工、监理、招标代理、造价咨询等单位的人员，应当通过聘用单位向单位工商注册所在地的省、自治区、直辖市人民政府建设主管部门提出注册申请；省、自治区、直辖市人民政府建设主管部门受理后提出初审意见，并将初审意见和全部申报材料报国务院建设主管部门审批；符合条件的，由国务院建设主管部门核发注册证书和执业印章。

第八条 省、自治区、直辖市人民政府建设主管部门在收到申请人的申请材料后，应当即时作出是否受理的决定，并向申请人出具书面凭证；申请材料不齐全或者不符合法定形式的，应当在 5 日内一次性告知申请人需要补正的全部内容。逾期不告知的，自收到申请材料之日起即为受理。

对申请初始注册的，省、自治区、直辖市人民政府建设主管部门应当自受理申请之日起 20 日内审查完毕，并将申请材料和初审意见报国务院建设主管部门。国务院建设主管部门自收到省、自治区、直辖市人民政府建设主管部门上报材料之日起，应当在 20 日内审批完毕并作出书面决定，并自作出决定之日起 10 日内，在公众媒体上公告审批结果。

对申请变更注册、延续注册的，省、自治区、直辖市人民政府建设主管部门应当自受理申请之日起 5 日内审查完毕，并将申请材料和初审意见报国务院建设主管部门。国务院建设主管部门自收到省、自治区、直辖市人民政府建设主管部门上报材料之日起，应当在 10 日内审批完毕并作出书面决定。

对不予批准的，应当说明理由，并告知申请人享有依法申请行政复议或者提起行政诉讼的权利。

第九条　注册证书和执业印章是注册监理工程师的执业凭证，由注册监理工程师本人保管、使用。

注册证书和执业印章的有效期为 3 年。

第十条　初始注册者，可自资格证书签发之日起 3 年内提出申请。逾期未申请者，须符合继续教育的要求后方可申请初始注册。

申请初始注册，应当具备以下条件：

（一）经全国注册监理工程师执业资格统一考试合格，取得资格证书；

（二）受聘于一个相关单位；

（三）达到继续教育要求；

（四）没有本规定第十三条所列情形。

初始注册需要提交下列材料：

（一）申请人的注册申请表；

（二）申请人的资格证书和身份证复印件；

（三）申请人与聘用单位签订的聘用劳动合同复印件；

（四）所学专业、工作经历、工程业绩、工程类中级及中级以上职称证书等有关证明材料；

（五）逾期初始注册的，应当提供达到继续教育要求的证明材料。

第十一条　注册监理工程师每一注册有效期为 3 年，注册有效期满需继续执业的，应当在注册有效期满 30 日前，按照本规定第七条规定的程序申请延续注册。延续注册有效期 3 年。延续注册需要提交下列材料：

（一）申请人延续注册申请表；

（二）申请人与聘用单位签订的聘用劳动合同复印件；

（三）申请人注册有效期内达到继续教育要求的证明材料。

第十二条　在注册有效期内，注册监理工程师变更执业单位，应当与原聘用单位解除劳动关系，并按本规定第七条规定的程序办理变更注册手续，变更注册后仍延续原注册有效期。

变更注册需要提交下列材料：

（一）申请人变更注册申请表；

（二）申请人与新聘用单位签订的聘用劳动合同复印件；

（三）申请人的工作调动证明（与原聘用单位解除聘用劳动合同或者聘用劳动合同到期的证明文件、退休人员的退休证明）。

第十三条　申请人有下列情形之一的，不予初始注册、延续注册或者变更注册：

（一）不具有完全民事行为能力的；

（二）刑事处罚尚未执行完毕或者因从事工程监理或者相关业务受到刑事处罚，自刑事处罚执行完毕之日起至申请注册之日止不满 2 年的；

（三）未达到监理工程师继续教育要求的；

（四）在两个或者两个以上单位申请注册的；

（五）以虚假的职称证书参加考试并取得资格证书的；

（六）年龄超过 65 周岁的；

（七）法律、法规规定不予注册的其他情形。

第十四条　注册监理工程师有下列情形之一的，其注册证书和执业印章失效：

（一）聘用单位破产的；

（二）聘用单位被吊销营业执照的；

（三）聘用单位被吊销相应资质证书的；

（四）已与聘用单位解除劳动关系的；

（五）注册有效期满且未延续注册的；

（六）年龄超过 65 周岁的；

（七）死亡或者丧失行为能力的；

（八）其他导致注册失效的情形。

第十五条　注册监理工程师有下列情形之一的，负责审批的部门应当办理注销手续，收回注册证书和执业印章或者公告其注册证书和执业印章作废：

（一）不具有完全民事行为能力的；

（二）申请注销注册的；

（三）有本规定第十四条所列情形发生的；

（四）依法被撤销注册的；

（五）依法被吊销注册证书的；

（六）受到刑事处罚的；

（七）法律、法规规定应当注销注册的其他情形。

注册监理工程师有前款情形之一的，注册监理工程师本人和聘用单位应当及时向国务院建设主管部门提出注销注册的申请；有关单位和个人有权向国务院建设主管部门举报；县级以上地方人民政府建设主管部门或者有关部门应当及时报告或者告知国务院建设主管部门。

第十六条　被注销注册者或者不予注册者，在重新具备初始注册条件，并符合继续教育要求后，可以按照本规定第七条规定的程序重新申请注册。

第三章　执　　业

第十七条　取得资格证书的人员，应当受聘于一个具有建设工程勘察、设计、施工、监理、招标代理、造价咨询等一项或者多项资质的单位，经注册后方可从事相应的执业活动。从事工程监理执业活动的，应当受聘并注册于一个具有工程监理资质的单位。

第十八条　注册监理工程师可以从事工程监理、工程经济与技术咨询、工程招标与采购咨询、工程项目管理服务以及国务院有关部门规定的其他业务。

第十九条　工程监理活动中形成的监理文件由注册监理工程师按照规定签字盖章后方可生效。

第二十条　修改经注册监理工程师签字盖章的工程监理文件，应当由该注册监理工程师进行；因特殊情况，该注册监理工程师不能进行修改的，应当由其他注册监理工程师修改，并签字、加盖执业印章，对修改部分承担责任。

第二十一条　注册监理工程师从事执业活动，由所在单位接受委托并统一收费。

第二十二条　因工程监理事故及相关业务造成的经济损失，聘用单位应当承担赔偿责任；聘用单位承担赔偿责任后，可依法向负有过错的注册监理工程师追偿。

第四章　继　续　教　育

第二十三条　注册监理工程师在每一注册有效期内应当达到国务院建设主管部门规定的继续教育要求。继续教育作为注册监理工程师逾期初始注册、延续注册和重新申请注册的条件之一。

第二十四条　继续教育分为必修课和选修课，在每一注册有效期内各为 48 学时。

第五章　权　利　和　义　务

第二十五条　注册监理工程师享有下列权利：

（一）使用注册监理工程师称谓；

（二）在规定范围内从事执业活动；

（三）依据本人能力从事相应的执业活动；

（四）保管和使用本人的注册证书和执业印章；

（五）对本人执业活动进行解释和辩护；

（六）接受继续教育；

（七）获得相应的劳动报酬；

（八）对侵犯本人权利的行为进行申诉。

第二十六条　注册监理工程师应当履行下列义务：

（一）遵守法律、法规和有关管理规定；

（二）履行管理职责，执行技术标准、规范和规程；

（三）保证执业活动成果的质量，并承担相应责任；

（四）接受继续教育，努力提高执业水准；

（五）在本人执业活动所形成的工程监理文件上签字、加盖执业印章；

（六）保守在执业中知悉的国家秘密和他人的商业、技术秘密；

（七）不得涂改、倒卖、出租、出借或者以其他形式非法转让注册证书或者执业印章；

（八）不得同时在两个或者两个以上单位受聘或者执业；

（九）在规定的执业范围和聘用单位业务范围内从事执业活动；

（十）协助注册管理机构完成相关工作。

第六章　法　律　责　任

第二十七条　隐瞒有关情况或者提供虚假材料申请注册的，建设主管部门不予受理或者不予注册，并给予警告，1 年之内不得再次申请注册。

第二十八条　以欺骗、贿赂等不正当手段取得注册证书的，由国务院建设主管部门撤销其注册，3 年内不得再次申请注册，并由县级以上地方人民政府建设主管部门处以罚款，其中没有违法所得的，处以 1 万元以下罚款，有违法所得的，处以违法所得 3 倍以下且不超过 3 万元的罚款；构成犯罪的，依法追究刑事责任。

第二十九条　违反本规定，未经注册，擅自以注册监理工程师的名义从事工程监理及相关业务活动的，由县级以上地方人民政府建设主管部门给予警告，责令停止违法行为，处以 3 万元以下罚款；造成损失的，依法承担赔偿责任。

第三十条　违反本规定，未办理变更注册仍执业的，由县级以上地方人民政府建设主管部门给予警告，责令限期改正；逾期不改的，可处以 5000 元以下的罚款。

第三十一条　注册监理工程师在执业活动中有下列行为之一的，由县级以上地方人民政府建设主管部门给予警告，责令其改正，没有违法所得的，处以 1 万元以下罚款，有违法所得的，处以违法所得 3 倍以下且不超过 3 万元的罚款；造成损失的，依法承担赔偿责任；构成犯罪的，依法追究刑事责任：

（一）以个人名义承接业务的；

（二）涂改、倒卖、出租、出借或者以其他形式非法转让注册证书或者执业印章的；

（三）泄露执业中应当保守的秘密并造成严重后果的；

（四）超出规定执业范围或者聘用单位业务范围从事执业活动的；

（五）弄虚作假提供执业活动成果的；

（六）同时受聘于两个或者两个以上的单位，从事执业活动的；

（七）其他违反法律、法规、规章的行为。

第三十二条　有下列情形之一的，国务院建设主管部门依据职权或者根据利害关系人的请求，可以撤销监理工程师注册：

（一）工作人员滥用职权、玩忽职守颁发注册证书和执业印章的；

（二）超越法定职权颁发注册证书和执业印章的；

（三）违反法定程序颁发注册证书和执业印章的；

（四）对不符合法定条件的申请人颁发注册证书和执业印章的；

（五）依法可以撤销注册的其他情形。

第三十三条　县级以上人民政府建设主管部门的工作人员，在注册监理工程师管理工作中，有下列情形之一的，依法给予处分；构成犯罪的，依法追究刑事责任：

（一）对不符合法定条件的申请人颁发注册证书和执业印章的；

（二）对符合法定条件的申请人不予颁发注册证书和执业印章的；

（三）对符合法定条件的申请人未在法定期限内颁发注册证书和执业印章的；

（四）对符合法定条件的申请不予受理或者未在法定期限内初审完毕的；

（五）利用职务上的便利，收受他人财物或者其他好处的；

（六）不依法履行监督管理职责，或者发现违法行为不予查处的。

第七章　附　　则

第三十四条　注册监理工程师资格考试工作按照国务院建设主管部门、国务院人事主管部门的有关规定执行。

第三十五条　香港特别行政区、澳门特别行政区、台湾地区及外籍专业技术人员，申请参加注册监理工程师注册和执业的管理办法另行制定。

第三十六条　本规定自 2006 年 4 月 1 日起施行。1992 年 6 月 4 日建设部颁布的《监理工程师资格考试和注册试行办法》（建设部令第 18 号）同时废止。

附录3 工程监理企业资质管理规定

（2007 年 6 月 26 日中华人民共和国建设部令第 158 号发布实施）

第一章 总 则

第一条 为了加强工程监理企业资质管理，规范建设工程监理活动，维护建筑市场秩序，根据《中华人民共和国建筑法》、《中华人民共和国行政许可法》、《建设工程质量管理条例》等法律、行政法规，制定本规定。

第二条 在中华人民共和国境内从事建设工程监理活动，申请工程监理企业资质，实施对工程监理企业资质监督管理，适用本规定。

第三条 从事建设工程监理活动的企业，应当按照本规定取得工程监理企业资质，并在工程监理企业资质证书（以下简称资质证书）许可的范围内从事工程监理活动。

第四条 国务院建设主管部门负责全国工程监理企业资质的统一监督管理工作。国务院铁路、交通、水利、信息产业、民航等有关部门配合国务院建设主管部门实施相关资质类别工程监理企业资质的监督管理工作。

省、自治区、直辖市人民政府建设主管部门负责本行政区域内工程监理企业资质的统一监督管理工作。省、自治区、直辖市人民政府交通、水利、信息产业等有关部门配合同级建设主管部门实施相关资质类别工程监理企业资质的监督管理工作。

第五条 工程监理行业组织应当加强工程监理行业自律管理。

鼓励工程监理企业加入工程监理行业组织。

第二章 资质等级和业务范围

第六条 工程监理企业资质分为综合资质、专业资质和事务所资质。其中，专业资质按照工程性质和技术特点划分为若干工程类别。

综合资质、事务所资质不分级别。专业资质分为甲级、乙级；其中，房屋建筑、水利水电、公路和市政公用专业资质可设立丙级。

第七条 工程监理企业的资质等级标准如下：

（一）综合资质标准

1. 具有独立法人资格且注册资本不少于 600 万元。

2. 企业技术负责人应为注册监理工程师，并具有 15 年以上从事工程建设工作的经历或者具有工程类高级职称。

3. 具有 5 个以上工程类别的专业甲级工程监理资质。

4. 注册监理工程师不少于 60 人，注册造价工程师不少于 5 人，一级注册建造师、一级注册建筑师、一级注册结构工程师或者其他勘察设计注册工程师合计不少于 15 人次。

5. 企业具有完善的组织结构和质量管理体系，有健全的技术、档案等管理制度。

6. 企业具有必要的工程试验检测设备。

7. 申请工程监理资质之日前一年内没有本规定第十六条禁止的行为。

8. 申请工程监理资质之日前一年内没有因本企业监理责任造成重大质量事故。

9. 申请工程监理资质之日前一年内没有因本企业监理责任发生三级以上工程建设重大安全事故或者发生两起以上四级工程建设安全事故。

（二）专业资质标准

1. 甲级

（1）具有独立法人资格且注册资本不少于300万元。

（2）企业技术负责人应为注册监理工程师，并具有15年以上从事工程建设工作的经历或者具有工程类高级职称。

（3）注册监理工程师、注册造价工程师、一级注册建造师、一级注册建筑师、一级注册结构工程师或者其他勘察设计注册工程师合计不少于25人次；其中，相应专业注册监理工程师不少于《专业资质注册监理工程师人数配备表》中要求配备的人数，注册造价工程师不少于2人。

（4）企业近2年内独立监理过3个以上相应专业的二级工程项目，但是，具有甲级设计资质或一级及以上施工总承包资质的企业申请本专业工程类别甲级资质的除外。

（5）企业具有完善的组织结构和质量管理体系，有健全的技术、档案等管理制度。

（6）企业具有必要的工程试验检测设备。

（7）申请工程监理资质之日前一年内没有本规定第十六条禁止的行为。

（8）申请工程监理资质之日前一年内没有因本企业监理责任造成重大质量事故。

（9）申请工程监理资质之日前一年内没有因本企业监理责任发生三级以上工程建设重大安全事故或者发生两起以上四级工程建设安全事故。

2. 乙级

（1）具有独立法人资格且注册资本不少于100万元。

（2）企业技术负责人应为注册监理工程师，并具有10年以上从事工程建设工作的经历。

（3）注册监理工程师、注册造价工程师、一级注册建造师、一级注册建筑师、一级注册结构工程师或者其他勘察设计注册工程师合计不少于15人次。其中，相应专业注册监理工程师不少于《专业资质注册监理工程师人数配备表》中要求配备的人数，注册造价工程师不少于1人。

（4）有较完善的组织结构和质量管理体系，有技术、档案等管理制度。

（5）有必要的工程试验检测设备。

（6）申请工程监理资质之日前一年内没有本规定第十六条禁止的行为。

（7）申请工程监理资质之日前一年内没有因本企业监理责任造成重大质量事故。

（8）申请工程监理资质之日前一年内没有因本企业监理责任发生三级以上工程建设重大安全事故或者发生两起以上四级工程建设安全事故。

3. 丙级

（1）具有独立法人资格且注册资本不少于50万元。

（2）企业技术负责人应为注册监理工程师，并具有8年以上从事工程建设工作的经历。

（3）相应专业的注册监理工程师不少于《专业资质注册监理工程师人数配备表》中要求配备的人数。

（4）有必要的质量管理体系和规章制度。

（5）有必要的工程试验检测设备。

（三）事务所资质标准

1. 取得合伙企业营业执照，具有书面合作协议书。

2. 合伙人中有 3 名以上注册监理工程师，合伙人均有 5 年以上从事建设工程监理的工作经历。

3. 有固定的工作场所。

4. 有必要的质量管理体系和规章制度。

5. 有必要的工程试验检测设备。

第八条　工程监理企业资质相应许可的业务范围如下：

（一）综合资质

可以承担所有专业工程类别建设工程项目的工程监理业务。

（二）专业资质

1. 专业甲级资质

可承担相应专业工程类别建设工程项目的工程监理业务。

2. 专业乙级资质

可承担相应专业工程类别二级以下（含二级）建设工程项目的工程监理业务。

3. 专业丙级资质

可承担相应专业工程类别三级建设工程项目的工程监理业务。

（三）事务所资质

可承担三级建设工程项目的工程监理业务，但是，国家规定必须实行强制监理的工程除外。

工程监理企业可以开展相应类别建设工程的项目管理、技术咨询等业务。

第三章　资质申请和审批

第九条　申请综合资质、专业甲级资质的，应当向企业工商注册所在地的省、自治区、直辖市人民政府建设主管部门提出申请。

省、自治区、直辖市人民政府建设主管部门应当自受理申请之日起 20 日内初审完毕，并将初审意见和申请材料报国务院建设主管部门。

国务院建设主管部门应当自省、自治区、直辖市人民政府建设主管部门受理申请材料之日起 60 日内完成审查，公示审查意见，公示时间为 10 日。其中，涉及铁路、交通、水利、通信、民航等专业工程监理资质的，由国务院建设主管部门送国务院有关部门审核。国务院有关部门应当在 20 日内审核完毕，并将审核意见报国务院建设主管部门。国务院建设主管部门根据初审意见审批。

第十条　专业乙级、丙级资质和事务所资质由企业所在地省、自治区、直辖市人民政府建设主管部门审批。

专业乙级、丙级资质和事务所资质许可。延续的实施程序由省、自治区、直辖市人民政府建设主管部门依法确定。

省、自治区、直辖市人民政府建设主管部门应当自作出决定之日起 10 日内，将准予资质许可的决定报国务院建设主管部门备案。

第十一条　工程监理企业资质证书分为正本和副本，每套资质证书包括一本正本，四本副本。正、副本具有同等法律效力。

工程监理企业资质证书的有效期为 5 年。

工程监理企业资质证书由国务院建设主管部门统一印制并发放。

第十二条　申请工程监理企业资质，应当提交以下材料：

（一）工程监理企业资质申请表（一式三份）及相应电子文档；

（二）企业法人、合伙企业营业执照；

（三）企业章程或合伙人协议；

（四）企业法定代表人、企业负责人和技术负责人的身份证明、工作简历及任命（聘用）文件；

（五）工程监理企业资质申请表中所列注册监理工程师及其他注册执业人员的注册执业证书；

（六）有关企业质量管理体系、技术和档案等管理制度的证明材料；

（七）有关工程试验检测设备的证明材料。

取得专业资质的企业申请晋升专业资质等级或者取得专业甲级资质的企业申请综合资质的，除前款规定的材料外，还应当提交企业原工程监理企业资质证书正、副本复印件，企业《监理业务手册》及近两年已完成代表工程的监理合同、监理规划、工程竣工验收报告及监理工作总结。

第十三条　资质有效期届满，工程监理企业需要继续从事工程监理活动的，应当在资质证书有效期届满 60 日前，向原资质许可机关申请办理延续手续。

对在资质有效期内遵守有关法律、法规、规章、技术标准，信用档案中无不良记录，且专业技术人员满足资质标准要求的企业，经资质许可机关同意，有效期延续 5 年。

第十四条　工程监理企业在资质证书有效期内名称、地址、注册资本、法定代表人等发生变更的，应当在工商行政管理部门办理变更手续后 30 日内办理资质证书变更手续。

涉及综合资质、专业甲级资质证书中企业名称变更的，由国务院建设主管部门负责办理，并自受理申请之日起 3 日内办理变更手续。

前款规定以外的资质证书变更手续，由省、自治区、直辖市人民政府建设主管部门负责办理。省、自治区、直辖市人民政府建设主管部门应当自受理申请之日起 3 日内办理变更手续，并在办理资质证书变更手续后 15 日内将变更结果报国务院建设主管部门备案。

第十五条　申请资质证书变更，应当提交以下材料：

（一）资质证书变更的申请报告；

（二）企业法人营业执照副本原件；

（三）工程监理企业资质证书正、副本原件。

工程监理企业改制的，除前款规定材料外，还应当提交企业职工代表大会或股东大会关于企业改制或股权变更的决议、企业上级主管部门关于企业申请改制的批复文件。

第十六条　工程监理企业不得有下列行为：

（一）与建设单位串通投标或者与其他工程监理企业串通投标，以行贿手段谋取中标；

（二）与建设单位或者施工单位串通弄虚作假、降低工程质量；

（三）将不合格的建设工程、建筑材料、建筑构配件和设备按照合格签字；

（四）超越本企业资质等级或以其他企业名义承揽监理业务；

（五）允许其他单位或个人以本企业的名义承揽工程；

（六）将承揽的监理业务转包；

（七）在监理过程中实施商业贿赂；

（八）涂改、伪造、出借、转让工程监理企业资质证书；

（九）其他违反法律法规的行为。

第十七条　工程监理企业合并的，合并后存续或者新设立的工程监理企业可以承继合并前各方中较高的资质等级，但应当符合相应的资质等级条件。

工程监理企业分立的，分立后企业的资质等级，根据实际达到的资质条件，按照本规定的审批程序核定。

第十八条　企业需增补工程监理企业资质证书的（含增加、更换、遗失补办），应当持资质证书增补申请及电子文档等材料向资质许可机关申请办理。遗失资质证书的，在申请补办前应当在公众媒体刊登遗失声明。资质许可机关应当自受理申请之日起 3 日内予以办理。

第四章　监　督　管　理

第十九条　县级以上人民政府建设主管部门和其他有关部门应当依照有关法律、法规和本规定，加强对工程监理企业资质的监督管理。

第二十条　建设主管部门履行监督检查职责时，有权采取下列措施：

（一）要求被检查单位提供工程监理企业资质证书、注册监理工程师注册执业证书，有关工程监理业务的文档，有关质量管理、安全生产管理、档案管理等企业内部管理制度的文件；

（二）进入被检查单位进行检查，查阅相关资料；

（三）纠正违反有关法律、法规和本规定及有关规范和标准的行为。

第二十一条　建设主管部门进行监督检查时，应当有两名以上监督检查人员参加，并出示执法证件，不得妨碍被检查单位的正常经营活动，不得索取或者收受财物、谋取其他利益。

有关单位和个人对依法进行的监督检查应当协助与配合，不得拒绝或者阻挠。

监督检查机关应当将监督检查的处理结果向社会公布。

第二十二条　工程监理企业违法从事工程监理活动的，违法行为发生地的县级以上地方人民政府建设主管部门应当依法查处，并将违法事实、处理结果或处理建议及时报告该工程监理企业资质的许可机关。

第二十三条 工程监理企业取得工程监理企业资质后不再符合相应资质条件的,资质许可机关根据利害关系人的请求或者依据职权,可以责令其限期改正;逾期不改的,可以撤回其资质。

第二十四条 有下列情形之一的,资质许可机关或者其上级机关,根据利害关系人的请求或者依据职权,可以撤销工程监理企业资质:

(一)资质许可机关工作人员滥用职权、玩忽职守作出准予工程监理企业资质许可的;

(二)超越法定职权作出准予工程监理企业资质许可的;

(三)违反资质审批程序作出准予工程监理企业资质许可的;

(四)对不符合许可条件的申请人作出准予工程监理企业资质许可的;

(五)依法可以撤销资质证书的其他情形。

以欺骗、贿赂等不正当手段取得工程监理企业资质证书的,应当予以撤销。

第二十五条 有下列情形之一的,工程监理企业应当及时向资质许可机关提出注销资质的申请,交回资质证书,国务院建设主管部门应当办理注销手续,公告其资质证书作废:

(一)资质证书有效期届满,未依法申请延续的;

(二)工程监理企业依法终止的;

(三)工程监理企业资质依法被撤销、撤回或吊销的;

(四)法律、法规规定的应当注销资质的其他情形。

第二十六条 工程监理企业应当按照有关规定,向资质许可机关提供真实、准确、完整的工程监理企业的信用档案信息。

工程监理企业的信用档案应当包括基本情况、业绩、工程质量和安全、合同违约等情况。被投诉举报和处理、行政处罚等情况应当作为不良行为记入其信用档案。

工程监理企业的信用档案信息按照有关规定向社会公示,公众有权查阅。

第五章 法 律 责 任

第二十七条 申请人隐瞒有关情况或者提供虚假材料申请工程监理企业资质的,资质许可机关不予受理或者不予行政许可,并给予警告,申请人在 1 年内不得再次申请工程监理企业资质。

第二十八条 以欺骗、贿赂等不正当手段取得工程监理企业资质证书的,由县级以上地方人民政府建设主管部门或者有关部门给予警告,并处 1 万元以上 2 万元以下的罚款,申请人 3 年内不得再次申请工程监理企业资质。

第二十九条 工程监理企业有本规定第十六条第七项、第八项行为之一的,由县级以上地方人民政府建设主管部门或者有关部门予以警告,责令其改正,并处 1 万元以上 3 万元以下的罚款;造成损失的,依法承担赔偿责任;构成犯罪的,依法追究刑事责任。

第三十条 违反本规定,工程监理企业不及时办理资质证书变更手续的,由资质许可机关责令限期办理;逾期不办理的,可处以 1 千元以上 1 万元以下的罚款。

第三十一条 工程监理企业未按照本规定要求提供工程监理企业信用档案信息的,由县级以上地方人民政府建设主管部门予以警告,责令限期改正;逾期未改正的,可处以 1

千元以上 1 万元以下的罚款。

第三十二条　县级以上地方人民政府建设主管部门依法给予工程监理企业行政处罚的，应当将行政处罚决定以及给予行政处罚的事实、理由和依据，报国务院建设主管部门备案。

第三十三条　县级以上人民政府建设主管部门及有关部门有下列情形之一的，由其上级行政主管部门或者监察机关责令改正，对直接负责的主管人员和其他直接责任人员依法给予处分；构成犯罪的，依法追究刑事责任：

（一）对不符合本规定条件的申请人准予工程监理企业资质许可的；

（二）对符合本规定条件的申请人不予工程监理企业资质许可或者不在法定期限内作出准予许可决定的；

（三）对符合法定条件的申请不予受理或者未在法定期限内初审完毕的；

（四）利用职务上的便利，收受他人财物或者其他好处的；

（五）不依法履行监督管理职责或者监督不力，造成严重后果的。

第六章　附　　则

第三十四条　本规定自 2007 年 8 月 1 日起施行。2001 年 8 月 29 日建设部颁布的《工程监理企业资质管理规定》（建设部令第 102 号）同时废止。

参 考 文 献

［1］　中国建设监理协会．建设工程监理概论［M］．2版．北京：知识产权出版社，2011.
［2］　庄民泉，林密．建设监理概论［M］．北京：中国电力出版社，2010.
［3］　刘华平，李增永．建设工程监理概论［M］．北京：中国水利水电出版社，2007.
［4］　巩天真，张泽平．建设工程监理概论［M］．北京：北京大学出版社，2009.
［5］　钟汉华，张希中．建设工程监理［M］．北京：中国水利水电出版社，2009.
［6］　李念国．工程建设监理概论［M］．郑州：黄河水利出版社，2010.
［7］　崔武文．工程建设监理［M］．北京：中国建材工业出版社，2009.
［8］　韩庆．土木工程监理概论［M］．北京：中国水利水电出版社，2008.
［9］　谢延友，张玉福．建设工程监理概论［M］．郑州：黄河水利出版社，2009.
［10］　杨晓林．建设工程监理［M］．北京：机械工业出版社，2009.
［11］　刘志麟．工程建设监理案例分析教程［M］．北京：北京大学出版社，2011.
［12］　王长永．工程建设监理概论［M］．北京：科学出版社，2001.
［13］　张守平，滕斌．工程建设监理［M］．北京：北京理工大学出版社，2010.
［14］　黄林青．建设工程监理概论［M］．重庆：重庆大学出版社，2009.
［15］　斯庆．建设工程监理［M］．北京：北京大学出版社，2009.
［16］　《监理工程师工作手册》编委会．监理工程师工作手册［M］．天津：天津大学出版社，2009.
［17］　孙邦丽．建筑监理员上岗指南［M］．北京：中国建材工业出版社，2012.
［18］　GB/T 50328—2001建设工程文件归档整理规范［S］．北京：中国建筑工业出版社，2002.
［19］　中国建设监理协会．建设工程合同管理［M］．北京：知识产权出版社，2009.
［20］　中国建设监理协会．建设工程信息管理［M］．北京：知识产权出版社，2009.